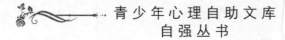

青少年心理自助文库
自强丛书

自 强

宝剑锋从磨砺出

刘兴彪/编著

 人生最大的救星，其实就是你自己。
自尊自爱、自立自强，
是你打开幸运之门的通行证。

中国出版集团　现代出版社

图书在版编目(CIP)数据

自强:宝剑锋从磨砺出 / 刘兴彪编著. —北京 : 现代
出版社,2013.11

ISBN 978-7-5143-1606-3

Ⅰ.①自…　Ⅱ.①刘…　Ⅲ.①成功心理–青年读物
②成功心理–少年读物　Ⅳ.①B848.4–49

中国版本图书馆 CIP 数据核字(2013)第 149171 号

编　　著	刘兴彪
责任编辑	李　鹏
出版发行	现代出版社
通讯地址	北京市安定门外安华里 504 号
邮政编码	100011
电　　话	010 – 64267325 64245264(传真)
网　　址	www.1980xd.com
电子邮箱	xiandai@ cnpitc. com. cn
印　　刷	北京中振源印务有限公司
开　　本	710mm×1000mm　1/16
印　　张	14
版　　次	2019 年 4 月第 2 版　2019 年 4 月第 1 次印刷
书　　号	ISBN 978-7-5143-1606-3
定　　价	39.80 元

P 前 言
REFACE

为什么当今时代一部分青少年拥有幸福的生活却依然感觉不幸福、不快乐？又怎样才能彻底摆脱日复一日的身心疲惫？怎样才能活得更真实、更快乐？越是在喧嚣和困惑的环境中无所适从，我们越是觉得快乐和宁静是何等的难能可贵。其实，正所谓"心安处即自由乡"，善于调节内心是一种拯救自我的能力。当我们能够对自我有清醒认识，对他人能够宽容友善，对生活能无限热爱的时候，一个拥有强大的心灵力量的你将会更加自信而乐观地面对一切。

前言

青少年是国家的未来和希望。对于青少年的心理健康教育，直接关系着下一代能否健康成长，能否承担起建设和谐社会的重任。作为家庭、学校和社会，不能仅仅重视文化专业知识的教育，还要注重培养孩子们健康的心态和良好的心理素质，从改进教育方法上来真正关心、爱护和尊重他们。如何正确引导青少年走向健康的心理状态，是家庭、学校和社会的共同责任。因为心理自助能够帮助青少年解决心理问题、获得自我成长，最重要之处在于它能够激发青少年自我探索的精神取向。自我探索是对自身的心理状态、思维方式、情绪反应和性格能力等方面的深入觉察。很多科学研究发现，这种觉察和了解本身对于心理问题就具有治疗的作用。此外，通过自我探索，青少年能够看到自己的问题所在，明确在哪些方面需要改善，从而"对症下药"。

成功青睐有心人。一个人要想获得事业上的成功，就要有自信，就要把握住机遇，勇于尝试任何事。只有把更多的心血倾注于事业中，你才能收获

成功的果实。

远大的目标是人生成功的磁石。一个人如果仅仅拥有志向,没有目标,成功就无从谈起。

一个建筑工地上有三个工人在砌一堵墙。

有人过来问:"你们在干什么?"

第一个人没好气地说:"没看见吗?砌墙。"

第二个人抬头笑了笑说:"我们在盖幢高楼。"

第三个人边干边哼着歌曲,他的笑容很灿烂:"我们正在建设一个城市。"

十年后,第一个人在另一个工地上砌墙;第二个人坐在办公室里画图纸,他成了工程师;第三个人呢,是前两个人的老板。

三个原本是一样境况的人,对一个问题的三种不同回答,反映出他们的三种不同的人生目标。十年后还在砌墙的那位胸无大志,当上工程师的那位理想比较现实,成为老板的那位志存高远。最终不同的人生目标决定了他们不同的命运:想得最远的走得也最远,没有想法的只能在原地踏步。

远大美好的人生目标能吸引人努力为实现它而奋斗不止。每当你懈怠、懒惰的时候,它犹如清晨叫早的闹钟,将你从睡梦中惊醒;每当你感到疲惫、步履沉重的时候,它就似沙漠之中生命的绿洲,让你看到希望;每当你遇到挫折、心情沮丧的时候,它又犹如破晓的朝日,驱散满天的阴霾。

在人生目标的驱策下,人们能不断地激励自己,获得精神上的力量,焕发出超强的斗志。那样,你就能收获成功的果实。

本丛书从心理问题的普遍性着手,分别描述了性格、情绪、压力、意志、人际交往、异常行为等方面容易出现的一些心理问题,并提出了具体实用的应对策略,以帮助青少年读者驱散心灵的阴霾,科学调适身心,实现心理自助。

本丛书是你化解烦恼的心灵修养课,可以给你增加快乐的心理自助术。本丛书会让你认识到:掌控心理,方能掌控世界;改变自己,才能改变一切。本丛书还将告诉你:只有实现积极心理自助,才能收获快乐人生。

C目录
CONTENTS

目
录

自 强

——
宝剑锋从磨砺出

第三篇　心动永远不如行动

第四篇　勇于创新　超越平凡

第五篇　中流击水　浪遏飞舟

目
录

第六篇　信心让你突破逆境

自 强

宝剑锋从磨砺出

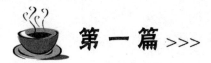

第一篇 >>>

心有多高路有多远

　　著名作家托尔斯泰说过："志向是指路明灯，没有志向就没有方向，就没有生活。"人生匆匆，一个人要想在人生路上有所建树，首先就要确立一个目标，并且坚定不移地去执行，为实现目标而不懈努力。心有多高路就有多远，心怀远志是你成功的基础。

　　很多人之所以没能实现自己的理想，不是他们不能，而是他们根本不懂得坚持，常常是刚刚遇到一点阻碍，就立刻改变方向，结果只能平平庸庸地过一辈子。但真正有志气的人，决不会因为挫折、困难而轻易放弃自己的志向。

干一等事，方可做一等人

作为第二次世界大战后第一代实业家的曾宪梓，在一穷二白的困境中闯出名堂，成功地跻身优秀企业家之列。在不到三十年的时间里，他使金利来由家庭手工作坊变成了一枝独秀的名牌领带企业，将欧洲风格率先引进香港，成功地树立起了独一无二的金字招牌。金利来的发展与壮大，与曾宪梓的果敢行动是分不开的。

起初，金利来经过几年的发展，在香港市场上占有了相当的份额。然而，曾宪梓并不满足现状，不断在思考香港市面上为什么充斥的多是外国名牌产品，为什么港制产品与外国名牌在质量上不相上下却仍然不受消费者垂青等问题。最后，曾宪梓"自认为"找到了问题的根源：港制产品的牌子还没有成为名牌。

曾宪梓认为，一个出名的品牌不仅需要有质量，而且需要宣传。于是，他毅然决定进行一次大胆的尝试——在报纸上做广告。

1970 年的父亲节来临前，曾宪梓不惜花费近 3000 港元在报纸上刊登了大幅广告，庆祝一年中唯一的一次属于男性、属于父亲的节日。很快，"向父亲致意，送金利来领带"的简短广告语传遍了大街小巷。

曾宪梓的这次创举不仅为金利来接下来向国际名牌方向发展奠定了基础，而且开了香港广告生产商为推销产品、树立品牌而刊登广告之先河。

在市场调研的过程中，曾宪梓又一次率先看到了橱窗文化的妙用。他要求几家大的百货公司将金利来领带陈列进橱窗里，并标上

第一篇 心有多高路有多远

"金利来"的牌子，以吸引消费者注意力。这些措施提高了金利来的知名度，进一步扩大了它的销售量。

1971年是"金利来"喜获丰收的年份，当时中国乒乓球队再次荣获世界杯。在胜利回国、途经香港时，中国乒乓球队应邀在港举行乒乓球赛，香港无线电视台夺得了乒乓球表演赛的独家转播权。深知广告妙处的曾宪梓闻风而动，借这次乒乓球表演赛对金利来产品做了专题广告，同时请来著名歌星为金利来做产品介绍。

在乒乓球表演赛进行期间，"金利来，男人的世界"这句广告词每天都在轮番不停地播放，洗涤着几百万香港人的耳朵。仅一个星期，金利来领带随着乒乓球赛的盛况的推进成了香港家喻户晓的名牌，订单如雪片一般向曾宪梓飞来。曾宪梓开始扩大生产，第一次使港产货战胜了外来货。

至80年代，曾宪梓的企业已具备了相当的规模。此时，曾宪梓把目光投向海外市场。将目标锁定在东南亚后，他赶往泰国、新加坡、马来西亚一带，进行以投资为目的的旅游活动。一边买厂房生产金利来领带，一边用重金在报纸、杂志、电台、电视台进行隆重的产品宣传。没过多久，金利来产品打开了马来西亚、泰国、澳大利亚等地的市场。

在这期间，曾宪梓同时看准了大陆市场。从1981年开始，曾宪梓就不断通过大陆最有影响的传媒连续展开"金利来攻势"，使"金利来，男人的世界"长期占据报纸的重要版面和电视的黄金时间。直到1983年，曾宪梓认为大陆的求购者对金利来领带的渴望程度已经够高，才将首批金利来领带送到了中国各大城市的大商场中，引起了一场争购金利来领带的风潮。至1990年，金利来领带仅在大陆的营业额就达4亿多人民币。

"金利来"品牌成功树立起来了，但曾宪梓并没有止步。他做出了多元化经营的决策，开始生产T恤衫、皮带、钱包、衬衫、袜子……凡是男士所需的衣物和服饰配件，他都不放过。同时，曾宪梓还认为，金利来不能仅仅是"男人的世界"，它同样也应该是"女性的世界"。从1990年起，以系列女性时装为先导，曾宪梓又为女性创造出了一个更具魅力的世界。

在曾宪梓的经营下，如今的金利来不仅在香港和内地，而且在东南亚、在整个亚洲都深入人心。

从曾宪梓的成功中可以看出：只要不甘人下，就能做成一等人、干成一等事。因此做事情不仅要有凌云壮志，而且要脚踏实地。任何成功的取得，都离不开辛勤汗水的浇灌。套用一句歌词就是："说到就要做到，要做就做最好。"

心灵悄悄话

人往高处走，水往低处流。做人就要做一等人，做事就要做一等事。路是人走出来的，只要你愿意，你也能够走出一条成功之路，尽管路上会有一些绊脚石。但路一定会越走越宽，只要你敢于向前走，羊肠小路过后便是康庄大道。

第一篇 心有多高路有多远

敢于"折腾"才会成功

一天，爱迪生在家里吃饭时，举着刀叉的手突然停在空中，面部表情呆板。他的夫人看惯了他的这类举动，知道他正考虑蓄电池的问题，便关切地问："蓄电池'短命'的原因在哪里？"

"毛病出在内脏。要治好它的根，看来要给它开刀，换器官。"

"不是大家都认为，只能用铅和硫酸吗？"夫人脱口而出。她想了想，对她的丈夫说这种话毫无意义。他不是在许多"不可能"之中创造了奇迹吗？于是，夫人连忙纠正道："世上没有不可能的事，对吗？"

爱迪生被夫人的这番话逗乐了。"是啊，世界上没有什么不可能的事，我一定要攻下这个难关。"爱迪生暗暗地下定决心。

经过反反复复的试验、比较、分析，爱迪生确认病根出在硫酸上。因此治好病根的方案与原来设想的一样：用一种碱性溶液代替酸性溶液——硫酸，然后找一种金属代替铅。当然这种金属应该会与选用的碱性溶液发生化学反应，并能产生电流。

问题看起来很简单，只要选定一种碱性溶液，再找一种合适的金属就行了。然而，做起来却是非常非常的困难。

爱迪生和他的助手们夜以继日地做实验。一个春天过去了，又一个春天过去了，苦战了3年，爱迪生试用了几千种材料，做了4万多次的实验，可依然没有什么收获。这时，一些冷言冷语也向他袭来，可爱迪生并不理会。他对自己的研究充满信心。

有一次，一位不怀好意的记者向他问道：

"请问尊敬的发明家，您花了3年时间，做了4万多次实验，有些什么收获？"

爱迪生笑了笑说："收获嘛，比较大，我们已经知道有好几千种材料不能用来做蓄电池。"

爱迪生的回答，博得在场人的一片喝彩声。那位记者也被爱迪生的坚韧不拔的精神所感动，红着脸为他鼓掌。

正是凭着这种精神，爱迪生将他的试验继续下去。

1904年，在一个阳光灿烂的日子，爱迪生终于用氢氧化钠（烧碱）溶液代替硫酸，用镍、铁代替铅，制成世界上第一台镍铁碱电池。它的供电时间相当长，在当时可以算是"老寿星"了。

正当助手们欢呼试验成功的时候，爱迪生十分冷静。他觉得，试验还没有结束，还需要对新型蓄电池的性能做进一步的验证。因此，他没有急着报道这一重大新闻。

为了试验新蓄电池的耐久性和机械强度，他用新电池装配6部电动车，并叫司机每天将车开到凹凸不平的路面上跑100英里；他将蓄电池从四楼高处往下摔来做机械强度实验。

经过严格的考验，不断地改进，1909年，爱迪生向世人宣布：他已成功地研制出性能良好的镍铁碱电池。

他成功了。他被包围在众人的鲜花和掌声中。很多人一定很羡慕，甚至是嫉妒，可是又有几人知道他背后到底付出了多少呢？那敢于折腾、越挫越勇的精神又有几人能做到呢？

20世纪80年代，有一个叫小李的小伙子到深圳打工。在车站里，他结识了一位来自北方的年轻人。这个北方人身材瘦小，留着小平头，也是来深圳闯荡的，两人越聊越投机，很快就亲如兄弟，小李亲切地称呼对方为"小平头"。

在深圳，他们举目无亲，彼此患难与共。白天，他们四处找工

作，晚上，就挤在廉价的招待所里。一个多星期后，他们仍没找到工作，口袋里的钱却所剩无几。小李十分沮丧，"小平头"却乐观地说："我们不是有一身力气吗？明天去卖苦力吧！"

第二天，他们找到个挑砖头的活儿，每天能挣10元。小李高兴地说："我们在这里长干吧，每月能赚300元呢，不少了！""小平头"笑了笑，没说什么。

一个月后，在"小平头"的极力建议下，他们应聘到一家销售公司上班。凭借两人的勤奋与努力，他们的工资涨到了每月500元。小李非常满意，岂料不久，"小平头"又提议："报纸上说海南建省了，成了我国最大的经济特区，我们一起闯海南吧！"

他们又来到人生地不熟的海南，再次开始了艰辛地找工作的历程。但多日未果，攒下的积蓄即将花光，小李心急如焚，抱怨不该丢掉以前的工作。"小平头"却说："机会总会有的，不如我们再去做苦力吧，边做边等。"就这样，他们来到一家砖厂，工作又脏又累，但好歹解决了生计问题。

半年后，两人刚刚安定下来，"小平头"突发奇想，决定承包砖厂。小李吓得胆战心惊，碍于兄弟情面，只好硬着头皮跟他一起干。不幸的是，没多久，海南房地产市场跌入低谷，砖头卖不出去，所有砖瓦不得不低价处理掉。这次打击让小李变得很消沉，"小平头"劝道："老弟，不要伤心，经历过，失败过，才能成功。我们再出去闯荡吧，相信明天一定是属于我们的。"小李摇了摇头，坚定地说："我不想再折腾了！我的理想是每天都有饱饭吃就行了。"从此，他们分道扬镳。

转眼20年过去了，小李辗转于各个城市打工。这一年，他来到北京，听说有家名为"SOHO中国"的公司正在盖房子，就应聘到该工地当小工。闲聊的时候，工友说："你们知道吗，SOHO的老板以前也是打工的，叫潘石屹。"小李一听，内心顿时掀起狂涛巨澜。没错，当下拥有300亿元资产、现任SOHO中国董事长的潘石屹，正是

20 年前与他一起挑过砖、同吃一盒饭的那个"小平头"。

20 年的时间，小李从一个工地转到另一个工地，潘石屹却从工地出发，一步步走到了大公司总裁的位置，是什么让曾经相濡以沫的兄弟产生如此大的差距呢？接受采访时，小李感慨地说："潘石屹的成功不是偶然的。因为每次在生活的岔道口，我只图安稳。只要今天能吃着馒头，就不奢求明天能有蛋糕！而潘石屹永远不满足现状，永远对明天充满渴望，所以不断地'折腾'，终于折腾成了亿万富翁！这就是我跟他的区别呀！"

对于每个人来说，如果总是安于今天，那么他的一生只会不断地重复今天。只有在否定今天的基础上追求更高的起点，才能不断获得新的成功。这样的人生或许充满了动荡与坎坷，但正所谓"无限风光在险峰"，经过磨砺的人生终将大放异彩！

心灵悄悄话

每一个人的成功都绝非偶然。有些成功者或许天赋很高，但是，那样的人毕竟是少数。大部分人都是在一次又一次的失败中摸爬滚打起来的，他们不畏惧失败，不怕折腾，在无数次的失败中总结经验才最终获得成功。

只有扎根现实，才能开花结果

西安音乐台曾经的一位主持人刘智，在一篇文章中这样形容他自己的理想：鱼的希望在于水。他这样写道：

"我曾经希望自己是一名海军战士，这似乎是 20 世纪 70 年代的俗套。可是我至少从 5 岁起就将作为一名解放军战士的理想具体到海军，并且坚持了 13 年。高考落榜外加一场大病粉碎了我的'希望'。我伤心欲绝，在一片洁白的病房里默默流泪，悼念那个离我愈来愈远的湛蓝色梦想。

"就像从海里捕到的一条鱼，如何挣扎都无济于事。拿着父亲单位劳动服务公司开出的'待业证'后，我感觉自己被结结实实地摔到岸上。那是 1988 年，崔健的摇滚歌曲《一无所有》风行全国。我给人押过出租车、卖过色拉油、干过地产施工监理、跑过钢材业务……一辆破自行车陪我度过两年风餐露宿、昏天黑地、没有口粮、没有'希望'的日子。干活、赚钱，再干活、再赚钱，我咬紧牙关，像岸上的鱼一样等待一条河或者一个雨季的来临。有一次，我揣着一个月的工资和女朋友在一家冷饮屋玩浪漫，突然很激动地指着窗外不太亮的月亮说：'等着吧，我要在 30 岁的时候拥有一艘自己的游艇，无拘无束地去环游世界。'那个女朋友后来嫁人了，嫁给了一个经营办公用品、鲜花礼品的商人。她曾经送给我一只礼品小船，上书'一帆风顺'。之后，我又先后交了两个女朋友。眼看都过 30 了，第三个女友又以不求上进为理由离我而去。

"1996年是我人生的转折点，我加入了西安音乐台。5年了。褒贬不一，毁誉参半，我也是咬牙坚持。在外地求学打工的西安人说：'刘智呀，一出车站，听见《幸运降落伞》里你的声音，就知道家真的到了。'

"有人说，70年代出生的人，是没有坐标、没有理想、尴尬的一代人。乍一听，我想起那部老电影的名字《一条没有航向的河流》，但是，只要有希望，你就会给自己预先埋下幸福的种子。于是，有勇气去爱、去理解、去尝试、去感谢，甚至与自己的生命快乐地握手言和。"

高考失败和疾病使刘智的理想变得不切实际，他不能像其他人一样通过上大学来实现自己的理想。但是他在生活中始终没有放弃希望，始终在追求成功，终于在音乐台上实现了自己的理想，如鱼得水。

如果不是风云突变，李嘉诚会沿着求学治学的道路一直走下去，并且极有可能继承父业，在家乡做一名教师。他走上经商这条路并取得辉煌业绩，是完全出乎其亲朋好友意料的。

后来有一个记者问起李嘉诚："请您说说一个人的成功是不是跟从小的志向有关，而一个人的志向是不是天生的？"

李嘉诚回答说："从哲学的角度而言，事物都是发展的。人的志向由儿时的幻想到对以后成长中的实际情况的想法，也是一个纵向发展的过程，这其中就涉及两个环境：其一是自己的理想造就的；其二是现实生活给你的。这两个环境是你无法抗拒的。它们是相互斗争的过程，也是磨炼意志的过程。

"就拿我自己来说，童年的时候，父亲教育我要学习礼仪或遵守诺言，而我呢，也受到父亲的熏陶，自小便很喜欢念书，而且很有上进心。那时候，我就暗暗地发誓，要像父亲一样做一名桃李满天下的

博学多闻的教师。但是由于环境的改变，贫困生活迫使我孕育出一股更为强烈的斗志，就是要赚钱。可以说，我拼命创业的原动力就是随着环境的变化而来的。当我14岁的时候，父亲去世，我要肩负家庭的重担。因为我是长子，而父亲并没有留下什么物质给我们，所以读书是绝对没有可能了。赚钱是迫在眉睫的，这样我的志向就有了改变。而且接下来进入社会开始工作的日子里，我有韧性，有独立创业的勇气和胆量，自然会有回报的。"

我们生活的这个时代是一个知识爆炸、信息化、经济高速发展的时代，要想把自己的理想变为现实，就必须使自己的理想适应这个时代的需要，而不是天马行空地想象自己的未来。可见，立志也要根据环境因素来决定，如果只因为立志不当而破坏了自己的一生，那将是令人惋惜的！

灵悄悄话

"有志者，事竟成"。虽然能够激励一个人去奋斗、去拼搏，但如果志向脱离了现实，不管这个人再怎么奋斗，再怎么拼搏，理想总归会演变成幻想。要知道，人一旦脱离了现实，就如同生活在虚幻中。而生活在虚幻中的人，永远无法实现自己的理想。

壮志满怀，实现人生的理想

一个人如果希望自己将来功成名就，那他现在可以一无所有，可以默默无闻，但绝对不能没有理想，没有志气。没有志气的人是会被人看轻的。

光有志气也是不行的。古往今来，无数的事例告诉我们，有了梦想还需要有实现它的心力和智力，否则也不过是一场空谈。很多人之所以没能实现自己的理想，不是他们不能，而是他们根本不懂得坚持，常常是刚刚遇到一点阻碍，就立刻改变方向，结果只能平平庸庸地过一辈子。但真正有志气的人，绝不会因为挫折、困难而轻易放弃自己的志向。

因此，要成为一个真正胸怀大志的人，光有理想是不够的，还要有不达目的誓不罢休的决心与毅力。

一谈到小泽征尔先生，大家都知道，他堪称是全日本足以向世界夸耀的国际大音乐家、著名指挥家。然而，他之所以能够建立今天著名指挥家的地位，是因为参加了贝桑松音乐节的"国际指挥比赛"。

在这之前，小泽征尔不仅与世界无关，即使在日本，也是名不见经传。因为他的才华没有表现出来，不为人所知。

他决心参加贝桑松的音乐比赛，来个一鸣惊人。战胜重重困难，他终于充满信心地来到欧洲。但一到当地后，就有莫大的难关在等待着他。他到达欧洲之后，首先要办的是参加音乐比赛的手续，但不知为什么，证件竟然不够齐全，不为音乐执行委员会正式受理。这么一

来，他就无法参加期待已久的音乐节了。

对于一般人来说，遇到这样的状况，很可能就此放弃。但他不同，成为著名音乐家是他一直以来的志向，所以他不但不打算放弃，还尽全力积极争取。

首先，他来到日本大使馆，说出整件事的原委，然后请求帮助。可是，日本大使馆无法解决这个问题。正在束手无策时，他突然想起朋友过去告诉他的事。"对了！美国大使馆有音乐部，凡是喜欢音乐的人，都可以参加。"他立刻赶到美国大使馆。

这里的负责人是位女性，名为卡莎夫人，过去她曾在纽约的某音乐团担任小提琴手。他将事情本末向她说明，拼命拜托对方，想办法让他参加音乐比赛，但她面有难色地表示："虽然我也是音乐家出身，但美国大使馆不得越权干预音乐节的问题。"她的理由很明白，但他仍执拗地恳求她。

原来表情僵硬的她，逐渐浮现笑容。思考了一会儿，卡莎夫人问了他一个问题："你是个优秀的音乐家吗？或者是个不怎么优秀的音乐家？"

他刻不容缓地回答："当然，我自认为是个优秀的音乐家，我是说将来可能……"

他这几句充满自信的话，让卡莎夫人的手立时伸向电话。她联络贝桑松国际音乐节的执行委员会，拜托他们让他参加音乐比赛，结果，执行委员会回答，两周后做最后决定，请他等待答复。此时，他心中有了一丝希望。

两星期后，他收到美国大使馆的答复，告知他已获准参加音乐比赛。这表示，他可以正式地参加贝桑松国际音乐指挥比赛了。参加比赛的人，总共约60位，他很顺利地通过了第一次预选，终于来到正式决赛。此时他严肃地想："好吧！既然我差一点就被逐出比赛，现在就算不入选也无所谓了！不过，为了不让自己后悔，我一定要努力。"后来他终于获得了冠军。就这样，确立了他世界大指挥家不可动摇的地位。

我们可从他的努力中看出，直到最后，他都没有放弃，很有耐心地奔走于日本大使馆、美国大使馆，为了参加音乐节，尽了最大的努力，如此才为他招来好运——获得贝桑松国际指挥比赛的冠军，成为享誉国际的名指挥家，确立了现在的地位。

在我们的人生中，有许多东西可以并且应该放弃，但最不该放弃的，就是自己的志向。因为志向是人拼搏奋斗的动力，也是最能让人体会到人生成就感的东西，如果轻易就将其放弃，是很难真正体会到人生的价值的。所以，真正有志气的人，一旦坚定了自己的志向，就要做好经受任何困难考验的准备，绝不轻言放弃。

第一篇　心有多高路有多远

穷且弥坚，不坠青云之志

人们常说："人穷志短。"之所以这样说，是因为人们在穷困时缺少一样很重要的东西——志气。穷困者往往没有战胜困难的意志和精神，也没有改变现状的勇气和决心。于是他们在贫穷中抱怨着，自卑着，日复一日地重复着繁重却不能摆脱贫穷的工作。殊不知，贫穷不是命里注定的，只要你有志气，只要你有改变它的勇气和决心，就一定能如你所愿。人可以穷，志却不可以短。只要有志气，就一定能做出一番事业来。

1944 年 4 月 7 日，格哈德·施罗德出生于德国北威州德特莫尔德市莫森贝格镇一个工人家庭。在他出生后不久，父亲在第二次世界大战中阵亡，母亲为抚养他们兄妹 5 人曾当过清洁工。他们住在一个没有自来水、没有厕所的两居室房间里，这个房间以前是一个专门养羊的畜棚。

现年 81 岁的曾经的邻居埃里卡斯·卡拉宾回忆说："施罗德一家从来吃不起肉，只能靠卷心菜等蔬菜来艰难度日。"有一名叫作玛里克·雷曼的邻居回忆说："当地孩子们获得的教导常常是：不要跟施罗德家的孩子们玩耍。"因此，当地几乎没有同龄孩子愿同施罗德交往，他们都将小施罗德看作是一个"流浪者"。

施罗德从来没有刻意隐瞒他的卑微出身，偶然谈起艰苦的童年时他说："也许这正是驱使我发奋图强的动力之一。我过去的经历帮我找到了我的奋斗之路，我想不断改善自己的处境。但我并不想只为自己这么做，我还想通过自己的努力改善其他人的处境。"

当出身贫贱、身材矮小的施罗德公开了"一定要当国务院总理"的志向后，遭到一片谩骂和诋毁，甚至一些报刊禁止刊登他参加竞选的消息。

艰苦的生活环境造就了施罗德自立自强的性格。施罗德上的是普通中学，毕业后只能接受职业培训，没有上大学的资格。随后，他一边在瓷器店当学徒，一边坚持上夜校，于1966年通过高级中学考试，进入格廷根大学上夜大，攻读法律，后获得律师资格。

1963年，当施罗德刚满19岁时就加入了社会民主党。1978年当选为青年社民党主席，1980年首次当选为联邦议院议员，1990年当选为下萨克森州政府总理。在1994年州议会选举中，他摆脱了对执政伙伴绿党的依赖，单独执政；在1998年3月的州选举中，施罗德的执政地位随着社民党选票的增加得到进一步巩固。在1998年4月17日召开的社民党特别代表大会上，施罗德正式被推举为该党联邦总理候选人。不久后，他成为德国总理，实现了自己贫贱时所立下的大志。

面对贫穷与困境，怨天尤人解决不了问题，反倒令境况更糟。只有胸怀"鸿鹄之志"，才能产生大动力、大意志，个人的才能才会得到最大限度的发挥。所以，无论你陷入怎样的境遇，都不要被困难打倒，而是应该振作，给自己树立一个目标，并用实际行动来实现它。即便不能取得最后的成功，但至少你尽力了，不会等老了的时候才后悔没有好好把握人生。

1999年，重庆市公路运输总公司的雷长碧下岗了，她的生活一下陷入窘困当中。为了生存，她先后摆地摊卖过书，还当过装卸工，但这些毕竟都不是长久之计。后来，喜欢打扮的她发现发廊生意火爆，便立志做一名出色的美发师。

为学到美发技术，雷长碧在美发师傅门口站了好几天，终于感动了对方，收下了她这个大龄弟子。从此，她像着了魔似的钻研各种美发技术，还到北京著名的美发学校去进修。

终于有一天，雷长碧用借来的 500 元钱开了一家小美发店。小店开在沙坪坝的中心地段，一开始顾客并不多，第一天开业的收入仅有 26 元钱。此时，她还面临着两个十分具体的问题：一是她每天上下班要花费 4 小时，从早到晚工作 12 小时，每天天不亮就要提着饭盒上路，晚上回家连说话的力气都没有了，倒头便睡；二是她怀孕了，妊娠反应强烈，腿部一直发肿，朋友们说她整个人都变形了。

再苦再累，她一句抱怨的话也没有，为了自己的志向，她一直坚持着。就这样，一剪刀一剪刀地"剪"出了一个集 4 个美发连锁店、13 家美发加盟店、1 所专业美发学校为一体的重庆太阳风化妆品公司，资产已超过千万元。

"天地英雄气，千古尚凛然。"这是唐代诗人刘禹锡赞美刘备的诗句。仅有满口的豪言壮语，还不是真正的"英雄气"，也难以成为真正的大成功者。一个人，特别是一个出身贫贱的人，要改变自己的命运，走出人生的困境，不仅要立大志，更应该在逆境和打击面前矢志不移，"咬定青山不放松"，直到人生理想的实现，这才是真正的惊天地、泣鬼神的英雄气、大志气。

心灵悄悄话

很多人都立过远大的志向，但最终将理想化为现实的，是那些在各种磨难面前，甚至在看似山穷水尽的处境中不言放弃、百折不挠的强者。用"初唐四杰"之一王勃的一句千古绝唱来形容，真正的强者是"穷且弥坚，不坠青云之志。"

有志人立长志，无志人常立志

要想成功，一定要有志气，立大志向。你的过去或现在是什么样并不重要，将来想要获得什么成就才是最重要的。你必须对你的未来怀有远大的理想，确立明确的奋斗目标。否则，即使你终日忙碌，也最终将一事无成。

人们在赶路的时候常常会有这样的体会：当确定只走 10 公里的路程时，走到七八公里处便会因松懈而感到劳累；但如果目的地在 20 公里以外的地方，同样是走到七八公里处，此时却会感到斗志昂扬。

可见，志向就如同黑夜中为航船指引方向的灯塔，亦如同暗夜中为我们引领方向的北斗星。没有志向作为人生的"灯塔"，在大风大浪时就很容易"翻船"；没有志向作为人生的"北斗星"，我们一生会处于没有生机的无边无际的沙漠之中，无法找到快乐的"绿洲"。

某君就读于一所重点大学，在学校里非常优秀。大学毕业后，在一家航空公司上班，他决心要干出样子来。果然，精明能干的他很快就被提升为部门经理。随着交际面的拓宽，他涉足了其他一些领域，他发现做证券生意很赚钱，又决定在证券业发展，就在上班之余和几个朋友合伙办了个证券公司，赚了一笔钱。尝到甜头不久，他又瞄上了药材生意，生意也不错，他的目光又转向了下一个目标，短短几年时间，他就涉足多个领域，但都是浅尝辄止。志向也是变来变去，后来，他一事无成。

他不由感慨地说："我现在才明白过来，再也不想着要做多少事

情了，就从一件做起，就向一个目标努力。"此时他唯一的出路是重新调整目标，选中一个方面前进，他选择了房地产业，熬过一程艰难岁月，终于东山再起，成为一位成功的房地产商。

一个人一旦确立了目标，就该朝着这个目标，本着咬定青山不放松的态度，一步一个脚印去实现，才能真正有所成就。

巴斯德曾说："立志是一件很重要的事情。工作随着志向走，成功随着工作来，这是一定的规律。"可是有人却偏偏不懂这个道理，他们朝三暮四，朝秦暮楚，不能从一而终，最后只会一事无成。

法国昆虫学家法布尔这样劝告一些爱好广泛而收效甚微的青年，他用一块放大镜示意说："把你的精力集中放到一个焦点去试一试，就像这块凸透镜一样。"这实际是他个人成功的经验之谈。他从年轻时就开始专攻昆虫学，甚至能够一动不动地趴在地上仔细观察昆虫长达几个小时。我国著名气象学家竺可桢也是一个目标聚焦的践行者，他观察记录气象资料长达三四十年，直到临终的前一天，还在病床上做了当天的气象记录。

明朝宋应星有《怜愚诗》云："一个浑身有几何，学书不就学兵戈。南思北想无安着，明镜催人白发多。"可见，确立一个长远的目标是很重要的，尤其是在现代各种科学和社会领域都很宽广的条件下，谁也不可能样样都去涉猎。人生只有短短几十年，只要能在自己选定的领域里有所成就，也就不枉此生了。

心灵悄悄话

有志之人立长志，无志之人常立志。一个不断改变自己的志向，变换着去追逐新设想的人，往往一事无成。只有确立一个长远的目标，并拿出全部的智慧和力量去追求它，才有可能取得成功！

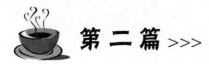

第二篇 >>>

百折不回永不言弃

　　困难像弹簧，你弱他就强。凡事我们都要有矢志不渝的精神，选准了道路，就要百折不回地坚定走下去。不管前面有多少难关，要敢于面对自己的选择所带来的一切后果。坚定追求自己的梦想，不管道路多么坎坷，只要敢于拼搏，所有的困难都会为你让路。

　　面对失败，有人避之不及，有人敢于面对；面对成功，有的人欣喜庆幸，有的人却重新选择一条充满失败的路。如果说失败了，你要经历再次选择需要极大的勇气的话，那么如果你成功了，还要再次选择，那是需要何等的魄力和胆量呢？

乐于与艰难困苦搏斗

成功的道路布满荆棘，一重重的困难把一批批人挡在成功的门外，唯有执着的人才有可能取得成功。

沃特·迪斯尼原本在一家美术社工作，是一个平凡的动画设计师。后来他与一名合伙人开了一家动画公司，但以失败告终。迪斯尼那时身无分文，一贫如洗。然而就在这困苦交加之际，他却决定到加利福尼亚去开创自己的事业。他卖掉了所有的家当，凑钱买了一张去往加利福尼亚的单程火车票。他出发时，身上所有的家当只有50美元、一个简陋的行李箱、一套过时的西装和一些绘画材料。到达加州之后，迪斯尼开了一家新公司。他遭遇了好几次挫折，几近精神崩溃，但仍然决定坚持到底……他卖掉汽车，疯狂地到处借款，遭人嘲笑，被人拒绝，但他从不因此而放弃自己的理想。历尽千辛万苦，他终于创建了迪斯尼乐园。后来的事，大家都知道了。沃特的迪斯尼乐园成为世界无数儿童梦想的乐园；他本人，也成了一位举足轻重的大人物。

不屈不挠的精神会使你创造出惊人的成就，只要坚持不懈，任何目标都能实现。一个员工，在职业发展道路上，必然会面临多种多样的危机与挑战，你必须拥有一颗坚韧的心，才能冲破艰难险阻，走向辉煌。

超过90%的人不能成功，为什么？因为不能坚持到底。许多人在

自 强

绝望中放弃了自己的追求，却不知道自己其实已经在成功的门外。职场拼搏如同马拉松比赛，最后的胜利者通常是坚持到底的那个人，而不是一开始就跑得飞快的人。一个暂时居于弱势地位的人，只要拥有一颗坚韧的心，往往都能创造出奇迹！翻开所有成功人士的履历，无不饱含艰辛，但他们从不气馁，不管上天如何捉弄他们，不管被逼到什么样的境地，他们依旧不屈不挠，勇往直前，最后终于冲破重重阻挠，登上普通人无法超越的巅峰。成功之路艰难险阻，懦弱的人望而却步，而坚韧的人，却能为了自己的目标风雨无阻，他们才是上天心目中的成功者人选。

世间最大的遗憾就是已经走到成功的门外，却气馁了，最后功亏一篑，郁郁终生。而成功者却能坚定自己的目标，乐于与艰难困苦搏斗，最后他们成了无可非议的成功者。

宝剑锋从磨砺出

自 强

宝剑锋从磨砺出

绝望中放弃了自己的追求，却不知道自己其实已经在成功的门外。职场拼搏如同马拉松比赛，最后的胜利者通常是坚持到底的那个人，而不是一开始就跑得飞快的人。一个暂时居于弱势地位的人，只要拥有一颗坚韧的心，往往都能创造出奇迹！翻开所有成功人士的履历，无不饱含艰辛，但他们从不气馁，不管上天如何捉弄他们，不管被逼到什么样的境地，他们依旧不屈不挠，勇往直前，最后终于冲破重重阻挠，登上普通人无法超越的巅峰。成功之路艰难险阻，懦弱的人望而却步，而坚韧的人，却能为了自己的目标风雨无阻，他们才是上天心目中的成功者人选。

心灵悄悄话

世间最大的遗憾就是已经走到成功的门外，却气馁了，最后功亏一篑，郁郁终生。而成功者却能坚定自己的目标，乐于与艰难困苦搏斗，最后他们成了无可非议的成功者。

24

信念在挫折中放光

20世纪20年代，一对"不安分"的小青年莫里斯·麦当劳和查特·麦当劳毅然告别乡村老家，勇闯美国著名影城好莱坞。

1937年，历经多次挫折的兄弟二人，抱着永不服输的念头，借钱办起了全美第一家"汽车餐厅"，由餐厅服务员直接把三明治和饮料等送到车上。

麦当劳兄弟二人最初办的是路边餐馆，定位于服务到车、方便乘客的这种经营方式。

由于形式独特，餐厅很快一炮打响，一时间他们的"汽车餐厅"独领风骚。

后来人们纷纷效仿，办"汽车餐厅"的人日益增多，麦当劳兄弟的生意大不如初，而且每况愈下。

在困难面前，兄弟二人没有丝毫的退缩、沮丧和消沉，继续冥思苦想着再一次勇敢超越自我的良策。

他们摒弃了原有的"汽车餐厅"的服务理念，转而在"快"字上大做文章，以"想吃花哨和高档的请到别处去，想吃简单实惠和快捷的请到我这儿来"的全新经营管理理念，吸引了千千万万顾客蜂拥而来，一举获胜。

兄弟二人并没有满足于现状，继续敢想敢干，敢在"冒尖"和"出奇"上制胜。

比如后来推出小纸盘、纸袋等一次性餐具，进行了厨房自动化的革命，不断迎接新的挑战。

麦当劳兄弟正是因为有了这种不断战胜和超越自我的决心和勇气，并将这种决心和勇气付诸实践当中，才使得他们将在一般人眼里已经很好或根本不可能的事，彻底推翻或改写，从而一步步迈向快餐业霸主的地位。

勇于向"不可能完成"的任务挑战，是一个人事业成功的基础。西方有句名言："一个人的思想决定一个人的命运。"不敢向高难度的工作挑战，是对自己的潜能画地为牢，最终使自己无限的潜能化为有限的成就。

如果你想摆脱平庸的工作状态，拥有精彩卓越的人生，就应当摆脱心灵的恐惧，不断地挑战自我，打破自我限制。

美国著名钢铁大王安德鲁·卡耐基在描述他心目中的优秀员工时说："我们所急需的人才，不是那些有着多么高贵的血统或者多么高学历的人，而是那些有着钢铁般的坚定意志，勇于向工作中的'不可能'挑战的人。"

如果你也希望像他们一样迅速晋升，那么当一件人人看似"不可能完成"的艰难工作摆在你面前时，不要抱着"避之唯恐不及"的态度，更不要花过多的时间去设想最糟糕的结局，以致迟迟不敢动手去做。

心理高度决定事业高度。一个人若想打破平庸的生活模式，实现从优秀到卓越的跨越，首先就要突破心理的瓶颈，相信自己。从根本上克服这种无知的障碍，走出"不可能"这一自我否定的阴影，用信心支撑自己完成这个在别人眼中是不可能完成的工作。

敢于向"不可能完成"的工作挑战的"职场勇士"和事事求安稳的"职场懦夫"在老板心目中的地位是截然不同的。

"职场懦夫"永远不要奢望得到老板的垂青。

如果你羡慕别人的晋升，那么，你一定要明白，他们的成功绝不是偶然的。人的一生中，挫折也罢，成功也罢，总会遇到形形色色的人和事。

在复杂的职场中，正是秉持"挑战不可能完成的工作"这一原则，他们磨砺生存的利器，不断力争上游，才能最终脱颖而出。

人生最精彩的章节，并不是你在哪一天拥有了多少金钱，也不是你在哪一刻获得了美妙的爱情，而是你在某一关键的瞬间，咬紧牙关战胜了自我。

逃避失败就会错过成功

在一生当中，有些人的生活丰富多彩，充实而有意义；但有些人恰恰相反，虚度光阴，碌碌无为。我们有权利选择其中一种作为自己的生活方式。人生总是面临着选择，成功了，可以选择居功自傲，也可以选择继续努力；失败了，可以选择退缩，也可以选择从头再来。任何事物都有两面性，不论是选择新的方法，还是新的目标，关键是看你如何运用选择权，选择从哪条路走向成功。

众所周知，伟大的发明家爱迪生一生发明无数。在研究电灯时，一位年轻记者问他："爱迪生先生，你为发明电灯试过一万种方法，也失败了一万次。你是怎样看待失败的？"爱迪生回答说："年轻人，你的人生旅程才起步，所以我告诉你：人是要经历失败的，失败后看你如何选择。虽然那一万次是失败了，但是就是这些失败让我发现了一万种行不通的方法，也让我一步步更接近成功。"

有人估计，爱迪生为研究电灯共做了1.4万次以上的实验。也就是说，只有最后一次试验是成功的，以前那一万多次都失败了，他成功的概率不到万分之一。但他还是选择继续做下去，直到达到目的为止。这也许就是伟大与平凡的区别。

除非你自愿放弃，否则你就不会失败。谁都没想到既口吃又害臊羞怯的德摩斯梯尼，居然会成为伟大的希腊演说家，这都要归功于他的失败经历。那时，他父亲为使他富裕起来，就给他留了一块土地让他过活，但是希腊有个奇怪的法规，那就是在声明土地所有权之前，必须在公开的辩论中夺得冠军才行。德摩斯梯尼口吃加上害羞，结果可想而知，终究丧失了这块他赖以为生的土地。但他并未因此而颓废，反倒使斗志更加昂扬了，经过一番努力，他掀起了人类演讲史上前所未有的演讲高潮。历史上忽略了那位取得他财产的人，但却记住了这位能够征服自己、取得成功的德摩斯梯尼。

我们每个人都有过一直梦想却未能做成的事。当机会再次来临，去实现那个梦想的时候，更多的是选择放弃。因为我们总会自认为很理智地认为：这样做那样做都会失败，为什么还要自讨苦吃呢。但古话说得好：尽吾力而不至，可以无悔矣。也就是说，不要考虑会不会失败，只要努力去争取成功就行了。哪怕只是取得了一丁点儿的成就，但那也是值得付出的。

英国一名著名牧师尤金·布莱斯曾说："要想避免失败，并非难事。就拿我来说，我从来没有在网球赛上失过手，从来没有在选举会上败过台，也从来没有在个人演唱会上失败过，因为这些事我根本就没有尝试过。事实上，只有敢于尝试的人，才有机会取得成功。"

是的，在你失败之前，可以选择不尝试，这样就不会失败，但是同样不会成功。在你失败之后，你还可以选择不再尝试，所以你也不会再经历失败，但你永远也到达不了成功的彼岸。

面对失败，有人避之不及，有人敢于面对；面对成功，有的人欣喜庆幸，有的人却重新选择一条充满失败的路。如果说失败了，你要经历再次选择需要极大的勇气的话，那么如果你成功了，还要再次选择，那是需要何等的魄力和胆量呢？

曾经在某刊物上看到一篇《从打工仔到老板》的文章，讲了一个年轻人不平常的生活经历，我们可以细细品味，从中感悟出一些道理来。

年轻人叫宇，毕业于辽宁一所专科学校，后来到深圳打工。他先

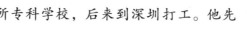

到一家大型软件公司应聘，由于学历低、经验少未被聘用。然后，他又走访了几家其他行业的公司，但都因为一个原因而遭到拒绝，一连串的碰壁让他心灰意冷，无奈之下去了一家公司做一名普通的勤杂工，他鼓励自己说："有人雇你，你已成功了一回。"

宇在这家公司勉强维持生计，他边打工边学习，等待出人头地的那一天。

几个月后，在一次公司召开的全体会议上，他终于迎来了表现自己才能的大好机会，公司总裁十分看好他的能力，便把他提为部门经理。

一年后，他又担任公司副总裁。就在大家都认为他前途无量的情况下，他却向总裁提出了辞职。总裁答应付给他高薪和洋房，女朋友要跟他分手，但最终都无法改变他的决定，他要出来自己开公司。

他的愿望实现了。不到一年时间，由于出色经营，他已为公司打出一片天下，渐渐壮大起来。公司效益越来越好，女友也再次回到了身边。

宇又郑重宣布了让周围人大吃一惊的消息：低价转让公司。公司卖掉后，他不顾朋友的反对，又来到一家公司继续应聘勤杂工的职位。在新的环境下，他又大显身手，才华毕露，直到升为公司的二把手，还像第一次成功一样，他又突然辞去，自己又经营了一个性质相同的公司。

当该公司日益红火时，他又宣布低价出卖公司，然后又到另一家其他领域的企业做了一名勤杂工。就这样十几年间，宇共换了八家不同行业的公司，体验八种不同的工作环境和模式，经营过八个不同行业的公司，经历了八次从勤杂工到公司副总的奋斗之路。

当记者采访他："八次放弃，八次崛起，你为的是什么？"宇微微一笑："我这样做的目的，是想让自己了解更多的行业，培养自己挑战失败的能力，这样我也会有更多的选择。我不怕失败，因为我失败过很多次。我开过八个不同行业的公司，你说，还有什么行业不能待下去呢?"

也许我们不会像宇那样八弃八起,但至少我们可以像他一样进行第二次选择,关键是要有选择的勇气和不怕失败的精神。

不要因失败而变得畏首畏尾,虽然你尽了最大的努力还是没有成功,请不要放弃。失败并不可怕,可怕的是你畏惧失败。失败可能给你带来一时的消沉,但你仍有第二次选择的机会,只要你实行另一个计划就行了。

第二篇　百折不回永不言弃

面对挫折，学会应变

英国航空公司曾遇到这样一件事：一次，一架由伦敦经纽约、华盛顿飞往迈阿密的英国航班，因机械故障被迫降落后在纽约被禁飞。乘客对此极为不满，对英国航空公司怨声载道。该公司立即调度班机，将63名旅客送往目的地。当旅客下机时，英航职员向他们呈递了言辞诚恳的致歉信，并为他们办理退款手续。63名乘客免费搭乘了此班飞机。此举异常高明，尽管英航损失了一大笔钱，但起了力挽狂澜之功效，大大弱化了乘客的不满情绪。后来，英航的这一举措广为流传，英航声誉不仅未受损，反而大大提高，乘客源源不断。

面对挫折，不要麻木地不知所措，要学会应变，根据不同的情况做出相应的变通，这样，你才有可能克服困难，有可能通向成功。

在自己生产的药品发生了中毒案的情况下，美国乔克尔恩逊药品公司却能平安地渡过挫折。事情发生之后，该公司迅速采取了周密的应变策略，全力推行挫折管理，制定了"终止死亡、找出原因、解决问题、通告公众"的重要决策。在获悉第一个死亡消息1小时内，公司人员立即对这批药品进行化验，结果表明阴性。但他们还是花费大量经费通知45万个包括医院、医生、批发商在内的用户，请他们停止出售并立即收回该公司的药品。同时撤销所有的电视广告，把事实真相以及公司所采取的对策迅速向公众告知。公司最终消除了公众的误解，仅仅三个月就恢复了生机。

在挫折来临的时候，不必慌乱，千万别束手无策，要全力以赴，从能做的做起。同时，以强烈的求新求变意识，摸索、创造对策，在最短的时间内，扭转败局，反败为胜。

美国的波音公司和欧洲的空中客车公司曾为争夺日本"全日空"的一笔大生意而打得不可开交。双方都想尽各种办法，力求争取到这笔生意。由于两家公司的飞机在技术指标上不相上下，报价也差不多，"全日空"一时拿不定主意。

可就在这关键时刻，短短两个月内，世界上就发生了三起波音客机的空难事件。一时间，来自四面八方的各种指责都向波音公司汇集而来。这使得波音公司蒙受了奇耻大辱，产品质量的可靠性也受到了人们的普遍怀疑。这对正与空中客车争夺的那笔买卖来说，无疑是一个丧钟般的讯号。许多人都认为，这次波音公司肯定是输定了。但波音公司的董事长威尔逊却并没有为这一系列的事件所击倒。他马上向公司全体员工发出了动员令，号召公司全体上下一齐行动起来，采取紧急的应变措施，力闯难关。

他先是加大了自己的优惠条件，答应为全日空航空公司提供财务和配件供应方面的便利，同时低价提供飞机的保养和机组人员培训；接着，又针对空中客车飞机的问题采取对策，在原先准备与日本人合作制造 A3 型飞机的基础上，提出了愿和他们合作制造较 A3 型飞机更先进的 767 型机的新建议。空难前，波音原定与日本三菱、川琦和富士三家著名公司合作制造 767 客机的机身。空难后，波音不但加大了给对方的优惠，而且还主动提供了价值 5 亿美元的订单。通过打外围战，波音公司博取到了日本企业界的普遍好感。在这一系列努力的基础上，波音公司终于战胜了对手，与"全日空"签订了高达 10 亿美元的成交合同。这样，波音公司不光渡过了难关，还为自己开拓了日本这个市场，打了一场反败为胜的漂亮仗。

　　及时应变，就能在被完全击垮之前扭转局面，掌握主动权。

　　在应变时，应注意：首先要立足于自我优势，如人员优势、地形优势、技术优势等，充分利用，充分发挥，以此展开对策；其次要充分了解对方的需要，做好有针对性的准备。同时，时刻谨记多付出一点点，以小利博大利；诚信待人，博得他人的信任，赢得合作。

　　学会应变，遇到挫折时，不要消极躲避，更不要以硬碰硬，而要全力以赴，靠你敏捷的思维化险为夷。

乐观地面对挫折和失败

在生活中，人们总是难免遭遇不幸。但如果你一直抓住不幸不放，那么痛苦和消沉就会侵害你的灵魂。所以，我们应该敞开胸怀，以乐观的心态坦然地面对不幸。

尤利乌斯是个生性乐观的画家，不过没人买他的画，因此他想起来会有点儿伤感，但片刻之后他就能够调整好。

他的朋友们对他说："玩玩足球彩票吧，只花两块钱就可以赢很多钱。"

于是尤利乌斯花两块钱买了一张彩票，并真的中了 500 万的头奖。

"你多走运啊！现在你还经常画画吗？"他的朋友羡慕道。

尤利乌斯笑着说："我现在就只画支票上的数字。"

尤利乌斯买了一幢别墅并对它进行一番装饰。他很有品位，买了许多好东西：阿富汗地毯、维也纳柜橱、佛罗伦萨小桌、迈森瓷器，还有古老的威尼斯吊灯。

尤利乌斯很满足地坐了下来。他点燃一支香烟静静地享受他的幸福。突然他感到好孤单，便想去看看朋友。他把烟往地上一扔，在原来那个石头做的画室里他经常这样做，然后他就出去了。燃烧着的香烟躺在地上，躺在华丽的阿富汗地毯上……一个小时以后别墅变成一片火的海洋。它完全被烧没了。朋友们很快就知道了这个消息。他们都来安慰尤利乌斯："尤利乌斯，真是不幸呀！""怎么不幸了？"他问。

"损失呀！尤利乌斯，你现在什么都没有了。""不过是损失了两块钱而已。"

不幸已经发生，损失已经造成，如果我们还对它紧紧抓住不放，那么就只会在错误的道路上越行越远。

这并不主张人们对得失抱无所谓的态度，更不鼓励人们不思进取，而是要提醒人们对得与失的看法不可绝对化。事实是，一次得到往往对个人附带着新的要求，很可能使原来潜藏的危机显露出来；一次丧失常常让你醒悟自身的缺陷，使较为合理与满足的生活更早到来。因此，一个人若能眼光长远一些、生活得理性一些，就会比较容易感到快乐。

决定一个人是否能抵挡住失败的是一种心态。你的内心状况决定你是快乐、积极，还是悲观、消极。如果你不能坦然面对不幸，一切快乐的光芒便无法穿越。只有保持积极乐观的态度，才能真正获得人生的乐趣。

乐观的人在行动上比较积极，但这样的人往往低估了实际上的困难，所以有时会在前进的路上碰到意外。相反地，悲观的人过于慎重，经常容易错失良机。倘若将二者结合起来，抱有乐观的心态，慎重而细心地面对，那么成功将是轻而易举的事。

失败是常见的，没有失败的人生，是不完整的人生。失败对打开人生局面是有益的。一个人要想打开自己人生的局面，必须依靠积极的心态去面对失败，不能在消极的情绪中度过每一天。

心灵悄悄话

悲观情绪是阻碍我们成功的绊脚石。面对挫折和失败，只有用乐观驾驭悲观，才能坚定迈向成功的步伐，获取最终的胜利。

彩虹总在风雨后

科学家曾经做过这样一个有趣的实验：他们把跳蚤放在桌上，一拍桌子，跳蚤迅即跳起，跳起高度均在其身高的 100 倍以上，堪称世界上跳得最高的动物！然后在跳蚤头上罩一个玻璃罩，再让它跳，这一次跳蚤碰到了玻璃罩。连续多次后，跳蚤改变了起跳高度以适应环境，每次跳跃总保持在罩顶以下高度。接下来逐渐降低玻璃罩的高度，跳蚤都在碰壁后主动改变自己跳跃的高度。最后，当玻璃罩接近桌面时，跳蚤已无法再跳了。科学家于是把玻璃罩打开，再拍桌子，跳蚤仍然不会跳，变成"爬蚤"了。跳蚤变成"爬蚤"，并非它已丧失了跳跃的能力，而是由于一次次受挫学乖了，习惯了，麻木了。最可悲之处就在于，实际上的玻璃罩已经不存在，而它却连"再试一次"的勇气都没有了。这只小跳蚤已经认为不可能就是不可能。

生活中很多人就像那只畏缩的跳蚤一样，经常被困在一个可怕的玻璃罩里，无法突破自己思维的高度。在前进过程中遇到了困难就选择后退，以后再遇到同样的困难就习惯性地选择回避，认为自己根本不行。还没有同困难作战，就已经束手待毙，被困境吓倒了，却不明白其实时间在改变着一切，曾经的困难也许对于此刻的你来说根本不算是困难，抑或困难本身已经随时间成为一种虚设。不勇敢尝试突破，最后只能将自己局限于越来越小的范围，以致丧失本来属于自己的机会。

有时只要换个角度，另寻方法，就完全可以跳出限制自我的"玻

璃罩"。只要勇敢地跳出"玻璃罩",困境也就不复存在了。到那时,再回头看曾经在"玻璃罩"中的自己,就会为自己当时短浅的目光和怯懦的心态感到可笑。

1952年7月4日清晨,加利福尼亚海岸笼罩在浓雾中。在海岸以西21英里的卡塔林纳岛上,一个34岁的女人涉水进入太平洋中,开始向加州海岸游去。要是成功了,她就是第一个游过这个海峡的女性。这个女人叫费罗伦丝·柯德威克。在此之前,她是从英法两边海岸游过英吉利海峡的第一个女性。那天早晨,海水冻得她身体发麻,雾很大,她连护送她的船都几乎看不到。时间一个钟头一个钟头过去,千千万万人在电视上注视着她。在以往这类渡海游泳中她的最大问题不是疲劳,而是刺骨的水温。15个钟头之后,她被冰冷的海水冻得浑身发麻。她知道自己不能再游了,就叫人拉她上船。她的母亲和教练在另一条船上。他们告诉她海岸很近了,叫她不要放弃。但她朝加州海岸望去,除了浓雾什么也看不到。几十分钟之后,人们把她拉上了船。而拉她上船的地点,离加州海岸只有半英里!

当别人告诉她这个事实后,从寒冷中慢慢复苏的她很沮丧,她告诉记者,真正令她半途而废的不是疲劳,也不是寒冷,而是因为在浓雾中看不到目标。柯德威克小姐一生中就只有这一次没有坚持到底。两个月之后,她成功地游过了同一个海峡。她不但是第一位游过卡塔林纳海峡的女性,甚至比男子的纪录还快了大约两个钟头。

我们要不乏勇气地面对生活中的一切,勇于尝试,敢于创新,大胆地冲破身边固有的束缚,就算再难也要去尝试,使自己获得突破得到新生。要知道许多时候,得到机会是非常难得的,它需要我们舍弃一些东西,比如安稳的状态等,但一定要记住,想成功就一定要勇于尝试。需要你冲破的也许并非是你能力以外的困难,很多时候仅仅是冲破你内心的障碍就可以了。拥有这样的勇气的人,是令人敬佩和叹服的。不要让自己的行动败给了思维，不要让自己的思维束缚了自己的行动。学习尝试，不走出去，就不知道世界有多大；不真正地去做一件事，你就不会知道自己能不能成功。

在很多知名企业的人才招聘考试中，都极其重视对一个人的思维方式及思维方式转变能力的考察。因为，这样的能力往往也是工作过程中急需的能力。面对一些题目时，我们必须解放自己的思维，这样才能在企业运作的过程中为企业的发展提出切实可行而又有效的建议，从而为企业创造更大的经济效益。由此可见，思维的力量是不可忽视的，不能突破自己固有的思维模式就不能有所成就。

心灵悄悄话

每个人都是一座山，世上最难攀越的山，其实是自己，往上走，即便一小步，也会有新的高度。幸运之神的降临，往往只是因为你多看了一眼，多想了一下，多走了一步。

第二篇　百折不回永不言弃

冷静分析，沉着应对

心理学上有一个著名的弗拉实验：一位心理学家先给一群大学生做明尼苏达多项人格检查问卷（MMPI），这是一个包含15大类、近500多条小题目，能科学而翔实地分析人格的测试。紧接着，他又将一段笼统的、几乎适用于任何人的话让大学生判断是否适合自己。

"你很需要别人喜欢、羡慕、尊敬你。你严格要求自己，有点吹毛求疵。你认为自己有一定的潜能，但还没有发挥出来。你自觉人格有些缺陷，但你可以克服它们。外表上，你看来相当有自制力，但内心却常常无安全感并担心自己的表现。你有时很外向、开放，有时却相当内向、保守……"

结果绝大多数人抛开了刚刚做过的多项人格测试，反而认为以上那段话将自己刻画得细致入微、准确至极，更适合自己。

这就是心理学上的"巴纳姆效应"——人很容易相信一个笼统的、一般性的人格描述特别适合自己，即使这些描述十分空洞，他们仍然认为反映了自己的人格面貌。

这个实验结果告诉我们：在很多情况下，大多数人并不了解真实的自己、潜在的自己，以及面对危急时刻自己到底能聚集、爆发多大能量，都是一个未知数。

如果失意的时候，你能清楚地认识自己，不受困难时刻低落情绪的左右，有自己明确的目标，再顺着缘分去做事情，时间恰好、尺度合适、方法得当，不强求什么结果，往往成功要容易得多。

爱因斯坦一生所取得的成功，是世界公认的，他被誉为 20 世纪最伟大的科学家。他之所以能够取得如此令人瞩目的成绩，和他对自己有清晰的认识与明确的奋斗目标是分不开的。

据说爱因斯坦小学、中学的学习成绩平平，虽然有志往科学领域进军，但他有自知之明，知道必须量力而行。他进行自我分析：自己虽然总的成绩平平，但对物理和数学有兴趣，成绩较好。自己只有在物理和数学方面确立目标才能有出路，其他方面是不及别人的。因而他读大学时选读瑞士苏黎世联邦理工学院物理学专业。

在大学学习时，为了避免耗费人生有限的时光，爱因斯坦善于根据目标的需要进行学习，使有限的精力得到了充分的利用。他创造了高效率的定向选学法，即在学习中找出能把自己的知识引导到深处的东西，抛弃使自己头脑负担过重，或者把自己诱离要点的知识，从而使他集中力量和智慧攻克选定的目标。

清醒的自我认识，让爱因斯坦的个人潜能得以充分发挥。26 岁时，就发表了科研论文《分子尺度的新测定》，之后，他又相继发表了 4 篇重要的科学论文，一举奠定了他在物理学领域的重要地位。

特别值得一提的是，1952 年，以色列国鉴于爱因斯坦科学成就卓越，声望颇高，加上他又是犹太人，当以色列第一任总统魏兹曼逝世后，以色列邀请他接受总统职务。是做科学家，还是做总统，真是一个两难的抉择。

生活中，我们也会遇到类似的决定命运的选择题：是甘于平庸，稳拿一份有保障的工资，还是放弃稳定，寻找更适合自己的创业之路；是做大公司的凤尾，还是做小公司的鸡头；是在老家稳稳当当过日子，还是选择发展空间更大的"异地漂泊"生活……

怎样选择，都需要你先对自己有个清醒的认识，再明确自己到底要什么，能干什么，缺一不可。少了一个条件，你的选择都是盲目

的。所以，现在社会上就有很多盲目追求处处失败的人。

爱因斯坦的可贵之处也体现在这里，非常有自知之明，他婉言谢绝了以色列人的邀请，并坦然承认自己不适合担任这一职务。确实，爱因斯坦是一位伟大的科学家，这是他终生努力奋斗的目标。如果他当上总统，未必会有多大建树，因为他未显示出有这方面的才华，又未曾为此目标做过努力学习和奋斗。

心灵悄悄话

面对困难，对自己要有真实的了解，再加上明确具体的目标，会让一个人变得异常强大。无论你遇到任何难以解决的问题，只要你对自己有准确的定位，做明智的选择，相信没有任何事、任何困难能整垮你。

在绝境中寻找出路

20世纪50年代初，台湾经济处于恢复时期，急需发展纺织、水泥、塑胶等工业。化学工业基础雄厚的"永丰"老板何义到国外考察后，看到国际市场塑胶业技术先进，竞争激烈，自己难有立足之地，便打起了退堂鼓。然而，王永庆，名不见经传，竟决定投资塑胶业，因而招来了社会的非议："何义都不做的事业，一定难做""不懂行情""不识时务"。王永庆面对非议并没退缩。

1954年，他筹措50万美元，创办了台湾第一家塑胶公司。1957年建成投产。事情的发展果然不出何义所料：当台塑的原料生产出来时，日本等国的同类产品滚滚而来，充斥台湾市场，况且物美价廉，占有了绝大部分市场。而台塑产品严重滞销，仓库爆满，股东们也心灰意冷。王永庆当时陷入了绝境。

面对初战失利，王永庆并没有泄气，他自有他的计划。他认为台湾当时是国际烧碱生产基地之一，而烧碱过程中有70%的氯气被弃置不用，实在太可惜，而氯气是塑胶生产的主要原料。他所有的优势是充足而廉价的原料。

世界上失败的人很多，但不一定都能爬得起来。只有检讨反思，总结教训，找出失败的原因，奋起直追，才能置之死地而后生。王永庆认准的就是这一个理，检讨才是成功之母。

台塑一定要办下去。经过一番"检讨"，王永庆采取了两条令人吃惊的措施：其一，针对供过于求的矛盾，他以常人所没有的胆识，采取了近似于"以毒攻毒"的策略：大幅度增加产量来压低成本和售

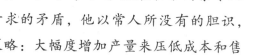

第二篇　百折不回永不言弃

43

价，从而获得压倒一切的竞争能力。对此台塑的股东一致反对。于是，他毅然购下台塑所有股权，独自经营，我行我素。其二，造成当时濒临绝境的另一个重要原因是，与他连锁的加工厂对自己的产品不愿降低售价，致使销售量无法大幅度增加，因而对塑胶原料的需求量不旺。王永庆对他们动之以情，晓之以理。百般劝说无效后，他以义无反顾的决心、敢于拼命的勇气，毅然成立了自己的加工厂——南亚塑胶厂，从而建立起塑胶原料与加工相连贯的"一体发展体系"。

国外大企业物关价廉的威胁并不可怕，关键看你采取什么样的竞争对策。由于王永庆改变了台塑的经营策略，又力求把台塑建成高效能、低消耗的企业，台塑的产品逐渐打开了销路，站稳了脚跟，继而逐步扩大再生产。台塑这条"小鱼"不仅没有被"大鱼"一口吞掉，反而更加成长壮大，到目前已成为台湾唯一进入"世界化工企业50强"的企业。

绝境并不可怕，准确定位自我优势，就是突破绝境的利器。很多人找不到自己的优势所在，就是因为被困难吓怕了，抱着一种悲观消沉的态度。

如果你够积极，够主动，就能从一粒沙石中看见世界，通过主客观情况的分析比较，就能找到自己的优势和希望所在。

心灵悄悄话

当身处挫折和绝境时，一定要头脑冷静，不要被吓倒。只要你的头脑保持敏锐，眼光放长远，就能找出自我优势，那么，绝境对于你来说，就只是暂时的了。

曲线救国妙处多

明代开国皇帝朱元璋，出身贫寒，少年时给地主放过牛，给有钱人家做过工，甚至一度为了果腹而出家为僧。但朱元璋却胸有大志，风云际会，终于成就一代霸业。朱元璋当了皇帝之后，有一天，他儿时的一位穷伙伴来京求见。朱元璋也很想见见儿时的好友，可又怕他讲出什么不中听的话来。犹豫再三，还是让人传了进来。

那人一进大殿，即大礼下拜，高呼万岁，说："我主万岁！当年微臣随驾扫荡庐州府，打破罐州城。汤元帅在逃，拿住豆将军，红孩儿当兵，多亏幕将军。"

朱元璋听他说得动听含蓄，心里很高兴，回想起当年大家饥寒交迫时有福同享、有难同当的情形，心情很激动，立即重重封赏了这个老朋友。

消息一传出，另一个当年一块放牛的伙伴也找上门来了。见到朱元璋，他高兴极了，生怕皇帝忘了自己，指手画脚地在金殿上说道："我主万岁！你不记得吗？那时候咱俩都给人家放牛，有一次我们在芦苇荡里，把偷来的豆子放在瓦罐里煮着吃，还没等煮熟，大家就抢着吃，把罐子都打破了，撒下一地的豆子，汤都泼在泥地里，你只顾从地下抓豆子吃，结果把红草根卡在喉咙里，还是我出的主意，叫你用一把青菜吞下，才把那红草根带进肚子里。"

当着文武百官的面，"真命天子"朱元璋又气又恼，哭笑不得，只有喝令左右："哪里来的疯子，来人，快把他拖出去砍了！"

第二篇　百折不回永不言弃

自强

在做事情的过程中，我们很难直截了当就把事情做好。有时需要等待，有时需要合作，有时需要技巧。做事情难免会碰到很多困难和障碍，有时候我们并不一定要硬挺、硬冲，我们可以选择有困难绕过去，有障碍绕过去，也许这样做事情反而更加顺利。

两点之间，直线最短。这个定理也常常被我们带入工作中，什么工作都想走直线，走捷径。但是越想投机取巧，越想走捷径，往往受的挫折就越多。

做过推销的人很清楚，在与客户打交道时，如果你老是在吹你公司产品如何的好，想让对方直接下单，那是没有用的，他对这些没有兴趣。而如果你换一个策略，委婉地给对方一些好处，他就会在老板面前极力地推销你的产品，你的单也容易订下。

这就好像爬山一样，想直接登上山顶往往很困难，但如果走盘山路，看似迂回绕道，但走起来很顺利、很轻松，登山的速度反而比走直线还快。工作是与别人打交道，在与人沟通的过程中，也会有许多峭壁和悬崖，或者深涧，让你难以直接攀越。这时候不妨放弃捷径，走点弯路，或许会更容易些。

人们在追求目标时，往往喜欢走捷径，认为这样才会减少很多阻力，以最快速度取得成功。但不经历风雨，怎能见彩虹？有时绕道而行，才能真正磨炼一个人的意志，更好地迈向成功的道路。

挫折是成功的垫脚石

当挫折来临的时候，一定要选择坚强，永远要记着"失败是成功之母"，挫折是成功的入场券。

在人生的不断追求中，我们的一些需求往往会受到阻碍，不能得到满足或部分满足，从而产生挫折感。人的一生就是在不断克服前进中的种种阻力、不断达到既定目标的过程。因此，挫折对任何人来说，都是再正常不过的现象和经历。从另外一个角度来说，挫折也是一种财富，是走向成功的入场券，因为战胜挫折所取得的经验是走向成功的礼物，在与挫折斗争中积累和激发的坚韧精神是人生奋进的食粮。逆境成材就是这个道理：好钢总是需要锻炼，温室里花儿无法漂洋过海走四方。

现实生活中，每个人都会面临各种各样的挑战和挫折，这时候你能承受挫折能力的大小，就决定了你未来命运的好坏。成功不是一个海港，而是一次埋伏着许多危险的旅程。人生的赌注就是在这次旅程中要做个赢家，成功永远属于不怕失败的人。

有一天，一个博学的人遇见上帝，他生气地问道："我是个博学的人，为什么你不给我成名的机会呢？"上帝无奈地回答："你虽然博学，但样样都只尝试了一点儿，不够深入，用什么去成名呢？"

那个人听后便开始苦练钢琴，后来虽然弹得一手好琴却还是没有出名，便又去问上帝："上帝啊！我已经精通了钢琴，为什么您还不给我机会让我出名呢？"

自 强

上帝摇了摇头说："并不是我不给你机会，而是你自己没有抓住机会。第一次我暗中帮助你去参加钢琴比赛，你缺乏信心，第二次又缺乏勇气，又怎么能怪我呢？"

那人听完上帝的一番话后，又苦练数年，建立了自信心，并且鼓足了勇气去参加比赛。他弹得非常出色，却由于裁判的不公正而被别人占去了成名的机会。

那个人心灰意冷地对上帝说："这一次我已经尽力了，看来上天注定，我不会出名了。"上帝微笑着对他说："其实你已经快成功了，只需最后一跃。"

"最后一跃？"他瞪大了双眼。

上帝点点头说："你已经得到了成功的入场券——挫折。现在你得到了它，成功便成为挫折给你的礼物。"

这一次那个人牢牢记住上帝的话，他果然成功了。

如果将幸福、欢乐比作太阳，那么，不幸、失败、挫折就可以比作月亮。人不能只企求永远在阳光下生活，在生活中从没有失败和挫折是不现实的。挫折是成功的入场券，能使人走向成熟，取得成就，但也可能破坏一个人的信心，让人丧失斗志。对于挫折，关键在于你怎么看待。

山里住着一户人家。父亲是个经验丰富的老猎手，在山里闯荡了几十年，猎获野物无数，出入如履平地，从未出过事。然而有一天，因下雨路滑，他不小心跌落山崖。

当两个儿子把父亲抬回了破旧的家的时候。他已经快不行了，弥留之际，他指着墙上挂着的两根绳子，断断续续地对两个儿子说："给你们两个，一人一根。"还没说出用意就咽了气。

掩埋了父亲之后，兄弟二人继续打猎生活。然而，猎物越来越少，有时出去一天连个野兔都打不回来，两人的日子艰难地维持着。

一天，弟弟与哥哥商量："咱们干点别的吧！"哥哥不同意："咱家祖祖辈辈都是打猎的，还是本本分分地干老本行吧。"

弟弟没听哥哥的话，拿上父亲给他的那根绳子走了。他先是砍柴，用绳子捆起来背到山外换几个钱。后来他发现，山里一种漫山遍野的野花很受山外人喜欢，且价钱很高。从此，他不再砍柴，而是每天背一捆野花到山外卖。几年下来，他盖起了自己的新房子。

哥哥依旧住在那间破旧的老屋里，还是过着打猎的营生。由于常常打不到猎物，生活越来越拮据，他整天愁眉苦脸，唉声叹气。一天，弟弟来看哥哥，发现他已经用父亲留给他的那根绳子吊死在房梁上。

有的人在困难面前选择了坚强，有的人选择了退缩。幸福永远都不会同情弱者，在挫折面前倒下的人也只有死路一条。

心灵悄悄话

人的一生不可能一帆风顺。挫折失败，是人生中必然的过程与代价。只有经过挫折的考验，人才能展翅高飞，走向成熟。

第二篇 百折不回永不言弃

没有常胜将军，只有坚忍的成功者

心态可以决定你的行为。假如我们的眼里只看到碌碌无为的人，我们就碌碌无为；如果我们的眼里只看到意志坚强的人，我们就意志坚强。

19 世纪法国著名的科学幻想小说家儒勒·凡尔纳，于 1863 年将他的第一部小说《气球上的五个星期》的书稿先后寄给 15 家出版社，但一次次都被退了回来。

他很灰心：唉！搞文学太难了！这些出版商看不起我们这样的无名作者，我再也不写了。想到这儿，他举起手稿，愤怒地丢向壁炉，喊道："文学，去你的吧！"他的妻子惊叫着抢过手稿，劝解丈夫说："你写这稿子多不容易呀，别灰心，再试一次吧。"

凡尔纳听了妻子的劝告，抱起书稿毅然走进第 16 家出版社。这家出版社的经理赫哲尔是一个很有眼力的人。他读完原稿，立即断定凡尔纳是一个很有才能的作家，他的作品中有一种与众不同的独特魅力，因此，赫哲尔决定马上出版凡尔纳的作品，并和凡尔纳签订了一个为期 20 年的合同。《气球上的五个星期》问世后，立即受到广大读者的欢迎。从此，凡尔纳的科幻小说风行全球。到他 77 岁去世时，凡尔纳写了 104 部科幻小说，算得上是世界第一流的多产作家。

失败常常是成功的前奏，多少名人学者都是从失败的道路中走出来的。英国小说家约翰·克里西得到过总计 734 封退稿信；法国著名作家莫泊桑到 30 岁时，写出的稿纸已有一人多高，依然默默无闻；德国医学家欧立希和他的助手经过 606 次失败的实验，历时 10 年才研制成功了"砷凡纳明"，挽救了无数的生命……

对强者来说，失败是成功的阶梯。英国化学家戴维曾经说过："我的那些重要的发现是受到失败的启发而获得的。"可见失败并不可怕，重要的是在失败中吸取教训，对事业矢志不渝，不断努力。有了这种精神，离成功就不远了。

1832 年，林肯失业了，但他仍下定决心要当政治家，当州议员。糟糕的是，他竞选失败了。在一年里遭受两次打击，这对他来说无疑是痛苦的。

接着，林肯着手开办企业，可一年不到，这家企业又倒闭了。在以后的 17 年间，他不得不为偿还企业倒闭时所欠的债务而到处奔波，历尽磨难。

随后，林肯再一次决定参加竞选州议员，这次他成功了。他内心萌发了一丝希望，认为自己的生活有了转机。

1835 年，他订婚了。但离结婚还差几个月的时候，未婚妻不幸去世。这对他精神上的打击实在是太大了，他心力交瘁，数月卧床不起。1836 年，他得了神经衰弱症。

1838 年，林肯觉得身体状况良好，于是决定竞选州议会议长，可他失败了。1843 年，他又参加竞选美国国会议员，这次仍然没有成功。

林肯虽然一次次地尝试，但却是一次次地遭受失败。要是你碰到这一切，你会不会放弃——放弃这些对你来说是重要的事情？

林肯是一个聪明人。他具有执着的性格。他没有放弃。1846 年，他又一次参加竞选国会议员，最后终于当选了。

两年任期很快过去了，他决定要争取连任。他认为自己作为国会议员，表现是出色的，相信选民会继续选举他。但结果很遗憾，他落

选了。

因为这次竞选，他赔了一大笔钱。之后林肯申请当本州的土地官员，但州政府把他的申请退了回来，上面指出："做本州的土地官员要求有卓越的才能和超常的智力，你的申请未能满足这些要求。"

接连又是两次失败。在这种情况下你会坚持继续努力吗？你会不会说"我失败了"。

然而，林肯依旧没有服输。1854年，他竞选参议员，结果失败了；两年后，他竞选美国副总统提名，被对手击败；又过了两年，他再一次竞选参议员，还是失败了。林肯尝试了11次，可只成功了2次。面对困难，他没有退却、没有逃跑，他坚持着、奋斗着。他压根儿就没想过要放弃努力，放弃自己的追求，他一直在做自己生活的主宰。1860年，他当选为美国总统。

所以说，一个人要想成就大事，就要能够坚持下去。只有坚持，才可能取得成功。说起来，一个人要克服一点儿困难也许并不难，难的是能够持之以恒地做下去，直到最后成功。能够做到这一点，你就不同凡响了。对不断前行的勇者来说，挫折本身就是一笔巨大的财富。世界上只有坚韧不拔的勇者，而没有常胜将军。优秀的成功者善于从失败挫折中总结经验，坚定信念，继续向既定的目标奋进。只有百折不挠的人，才能在不断的实践中成为优胜者。

心灵悄悄话

人生并非理想化的，我们要勇于接受前进道路上的各种考验，不断开拓进取，与时俱进，百折不挠，做一个勇敢的跋涉者。须知风雨过后是彩虹，冬天过去春自来。

可以失败，不可以沉沦

拿破仑说过，"不能"这一词，只有在愚人的字典中可以找到。

对每个人来说，都不能被失败摧毁，也不能沉溺在过去的痛楚中，只有总结经验从头再来，才是真正的强者。

人可以失败，但不可以沉沦。

人的一生，就像一次经历了万水千山的跋涉，而生命乐章的精彩之处则在于挫折。如果能够以这样乐观的态度看待挫折，那么无论处于怎样的逆境，相信我们都可以潇洒走过。

拿破仑曾经这样解释过："那种经常被视为是失败的事，只不过是暂时性的挫折而已。还有，这种暂时性的挫折实际上就是一种幸福，因为它会使我们振作起来，调整我们的努力方向，使我们向着不同但更美好的方向前进。"

第二篇 百折不回永不言弃

有一个农妇种黄豆，由于天气干旱，她将黄豆埋得很深。过了几天，她和儿子翻开土地，发现很多种子长出了长茎，马上就要破土而出了。儿子很奇怪，问："种子长眼睛了吗？为什么在黑暗中还知道向上长？"农妇回答："因为它要寻找阳光，没有阳光，它会活不下去。"

其实，人的生命里时常会有失去阳光的日子，就像种子被埋在土里一样。埋得很深的种子，固然生长艰难，但长大后必定根深叶茂，能经风雨。努力向上的种子告诉我们，阳光就在自己的头顶……是否

自强

还记得高考前那段昏天暗地的日子？面对一次惨不忍睹的考试成绩，你是怎样的一种心态呢？是痛苦、消极地一味沉沦下去，还是让自己乐观起来，庆幸这次犯下了很多的错误，下次就可以改过？而事实证明，正是有后者这样心态的人，才会笑到最后。

面对挫折，我们要有百分之百的乐观和坚定的信念——当人有信念支持时，就能超越生命的极限。

一位著名的击剑运动员在一次比赛中输给了一个与自己的水平不相上下的对手。第二次相遇，由于上次失利阴影的影响，这名运动员又输掉了，尽管他并非技不如人。第三次比赛前，他做了充分的准备，他特意录制了一盘磁带，反复强调自己有实力战胜对手，每天他都要听上几遍。心理障碍消除了，他在第三次比赛中轻松地击败了对手。

磨难是生产智慧的土壤，是冶炼人才的熔炉。如果你经历的一切都是那么简单、顺利，那么，你的潜力就难以挖掘，你的才华就难以施展，你的事业也就难以成功。

失败是正常的，颓废是可耻的，重复失败则是灾难性的。挫折正如成功和冒险一样，是生命中不可缺少的一部分。

失败使懦夫沉沦，却使勇士奋起。失败无可非议，失败者未必不是英雄，触礁者未必不是勇士。古往今来，又有多少伟人没经历过失败呢？他们中有的甚至耗尽了毕生精力，最终仍是失败，可是他们拼搏了，无怨无悔，他们是英雄。君不闻，项羽仍被尊为英雄，荆轲仍被视为勇士。"只有不攀登的人才永远不会摔倒"。失败了，证明你一直在拼搏，只是成功暂时还未出现。

失败并不可怕，可怕的是在失败中消沉，在失败面前俯首称臣，在失败后驻足不前。那种视失败为洪水猛兽的人，永远不会成功。

失败是块磨砺石，就如同玉石只有经过磨砺后才更加光彩照人。

不经历失败的痛苦，怎能知道成功的甘甜。"宝剑锋出磨砺出，梅花香自苦寒来"，"艰难困苦，玉汝于成"。只有经过一次又一次失败的磨炼，我们这块玉才会大放光彩。"天将降大任于斯人也，必先苦其心志，劳其筋骨，饿其体肤，空乏其身，行拂乱其所为，曾益其所不能。"我们要想承大任于身上，就应当先磨炼自己。生活中的一次失败比起"劳其筋骨，饿其体肤"，又算得了什么呢？

古往今来，大凡有所成功的人，又有谁没经历过失败呢？失败是成功的阶梯。失败的次数越多，成功的概率就越大。仔细想想，失败其实也是一种成功——失败了，你就知道了这种方法行不通。当有人问起爱迪生为什么在经过 1570 次失败后仍不放弃时，爱迪生回答："我不认为那是 1570 次失败，相反，我成功地发现了 1570 种材料不适合做灯丝。"

伟人的人生尚且如此，作为凡人的我们又何必在乎生活中的一次失败呢？胜败乃兵家常事，失败并不要紧，要紧的是我们如何面对失败。英雄本色是在失败中奋起，在失败中前进，在失败中充实自我，在失败中吸取教训……越是失败，越要奋发图强；越是失败，越要坚持不懈，不达目的誓不罢休。在失败后重整旗鼓，最后总能获得成功。要知道，成功只青睐永不停息的拼搏者。只要你坚持不懈地拼搏，成功就会如期而至。

面对失败的挑战，不要低头，不要犹豫，因为成功是无数失败的积累。弱者的可怕在于失败后的沉沦，强者的可敬在于失败后的奋起。也许在山重水复疑无路的时刻，恰会迎来柳暗花明见坦途的契机。

正如坏的事情都有它好的一面一样，挫折对人们具有消极的一面，也必然有其积极的一面。我们要学会在挫折中反思，在逆境中奋进。

我们在不断地成长，也不断地在挫折中学习到很多东西。古罗马政治家、哲学家塞涅卡说过这样一句话，很能激励人：真正的人生，

第二篇　百折不回永不言弃

只有在经历过艰苦卓绝的斗争后才能获得。

一位名人曾说过："无论发生什么事，生活仍将继续。"因此说，无论遭遇过什么不幸，我们都应保持旺盛的热情。热情是进取的原动力，是心境的营养品。我们只要让热情始终燃烧，让自己始终处于一种兴致勃勃的状态，就会一直拥有生活中瑰丽的亮色。

心灵悄悄话

"宝剑锋从磨砺出，梅花香自苦寒来"。世界上没有有眼睛而不流眼泪的人，没有有呼吸而不叹息的人，没有有心脏而不伤心的人。没有经过苦难、磨炼、奋斗的人生是残缺的，因为，苦难是人生最好的老师。

困境中，只有自己才能救自己

我们很容易遭遇逆境，也很容易被一次次的失败打垮。但是人生不容许我们停留在失败的瞬间，如果不前进，不会自我激励的话，就注定只能被这个世界抛弃。

自我激励能力是人自我调节系统中重要的组成部分，主要表现在当处于压力或者困境中时，个体自我安慰、自我积极暗示以及自我调节的能力。在个体克服困难、顶住压力、勇对挑战等情况下，自我激励都发挥着关键性的作用。具备自我激励能力的人，富有弹性，经常表现出反败为胜、后来居上、东山再起的倾向，而缺乏这种能力的人，在逆境中的表现就大打折扣，表现为过分依赖外界的鼓励和支持。

一个小男孩在自家的后院练习棒球。在挥动球棒前，他对自己大喊："我是世界上最棒的棒球手！"然后扔出棒球，挥动……但是没有击中。接着，他又对自己喊："我是世界上最棒的棒球手！"扔出棒球，挥动，依旧没有击中。

男孩子停下来，检查了球棒和球，然后用更大的力气对自己喊："我是世界上最棒的棒球手！"可是接下来的结果依然并未如愿。

男孩子似乎有些气馁，可是转念一想：我抛球这么准，一定是个很棒的棒球手。

接着，男孩子又对自己喊："我是世界上最棒的棒球手！"

其实，在大多数情况下，很多人做不到这看似荒谬的自我鼓励，可是这故事却深深反映了这个男孩子在自我鼓励下的执着，而这执着是很多人并不具备的，然而，许多奇迹往往是由执着者带来的。

那么，怎样鼓励自己执着向前呢？下面几个自我激励的方法，不论你是否顺心，请读一读、学一学吧。

● 选择乐观。在我们不断塑造自我的过程中，影响最大的莫过于选择乐观的态度还是悲观的态度。我们思想上的这种抉择可能给我们带来激励，也有可能阻滞我们前进。

● 树立远景。迈向自我塑造的第一步是要有一个你每天早晨醒来为之奋斗的目标——它应该是你人生的目标。远景必须即刻着手建立，而不要往后拖。你随时可以按自己的想法做些改变，毕竟，人不能没有远景。

● 离开舒适。不断寻求挑战激励自己。时刻提醒自己，不要躺倒在舒适区。舒适区只是避风港，不是安乐窝。它只是你心中准备迎接下次挑战之前刻意放松自己和恢复元气的地方。

● 调高目标。许多人惊奇地发现，他们之所以达不到自己孜孜以求的目标，是因为他们的主要目标太小而且太模糊，因此使自己失去动力。如果你的主要目标不能激发你的想象力，目标的实现就会遥遥无期。因此，真正能激励你奋发向上的是确立一个既宏伟又具体的远大目标。

● 做好调整。实现目标的道路绝不是坦途。它总是呈现出一条波浪线，有起也有落，但你可以安排自己的休整点。事先看看你的时间表，列出你放松、调整、恢复元气的时间。即使你现在感觉不错，也要做好调整计划，这才是明智之举。在自己的事业处于波峰时，要给自己安排休整点。要安排出一大段时间让自己隐退一下，即使是离开挚爱的工作也要如此。只有这样，在你重新投入工作时才能更富有激情。

● 直面困难。困难对于脑力运动者来说，不过是一场场艰辛的比赛——真正的运动者总是盼望比赛。而如果把困难看作对自己的诅咒，就很难在生活中找到动力。如果学会了把握困难带来的机遇，你自然会动力陡生。所以，困难不可怕，可怕的是回避困难。

● 自我反省。大多数人往往通过别人对自己的印象和看法来看自己。当得知别人对自己的反映很不错，尤其是得到正面反馈时就会沾沾自喜。但是，仅凭别人的一面之词，把自己的个人形象建立在别人身上，就会面临严重束缚自己的危险。因此，只把这些溢美之词当作自己生活中的点缀即可。毕竟，人生的棋局该由自己来摆。不要从别人身上找寻自己，而应该经常自省。

● 尽量放松。在接受挑战后，要尽量放松。在脑电波开始平和你的中枢神经系统时，你可感受到自己的内在动力在不断增加，你很快会知道自己有何收获。自己能做的事，不必祈求上天赐予你勇气，放松就可以产生迎接挑战的勇气。

面对人生，面对社会，面对工作，一切的未来都需要自己去把握。人一定要靠自己。命运如何眷顾，都不会去怜惜一个不努力的人，更不会去同情一个懒惰的人。一切都需要自己去努力。谁都不可能一生一世地帮你，一时的享受也只不过是过眼云烟，成功需要自己去努力。

心灵悄悄话

人生是一种无止境的追求，是对幸福生活、对成功事业、对兴趣爱好等一切美好事物的追求。只要是自己认为正确的事，就要热切地去追求。虽然这条追求的道路漫长、艰难、充满坎坷，但只要自己勇敢顽强地以一颗不向现实、困难屈从的心去迎接挑战，就将是一个真正的胜利者！

第二篇　百折不回永不言弃

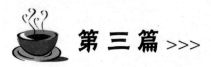

第三篇 >>>

心动永远不如行动

事成于笃行。有好的想法是不够的，只有把想法落实在行动上，才能得到想要的结果。如果只有心动而没有行动，那所谓的成功就永远都是"纸上谈兵"。一味地幻想、拖延毫无价值，计划也会变得渺如尘埃，目标更不可能达到，起而行动，方能平定心中的惶恐。成功不是等待，现在就付诸行动吧!

立刻行动可以应用在人生的每一个阶段，鞭策你去做自己应该做却不想做的事情。不论你现在境况如何，只要用积极的心态去面对，立刻行动，成功就将属于你。

立刻行动！现在就去！

　　每个人的心中都怀有梦想，但并不是所有的人都能实现自己的梦想，因为有的人只想着过眼前的舒服日子，而有的人却勇敢地迈出了自己的步伐，最终实现了自己的梦想。所以，如果你想实现梦想，今天就出发吧！

　　安乐尼·吉娜是大学里艺术团的歌剧演员。她向人们展示了一个璀璨的梦想：大学毕业后先去欧洲旅游一年，然后要在百老汇成为一位优秀的演员。

　　吉娜的心理学老师找到她，尖锐地问了一句："你去欧洲旅游后去百老汇跟毕业后去有什么差别？"吉娜仔细一想：是呀，赴欧旅游并不能帮我争取到百老汇的工作机会。于是，吉娜决定一个月以后就去百老汇闯荡。这时，老师又冷不丁地问她："你现在去跟一个月以后去有什么不同？"

　　吉娜想准备一下就出发。老师却步步紧逼："所有的生活用品在百老汇都能买到，为什么非要等到下星期动身呢？"吉娜终于双眼泪盈地说："好，我明天就去。"老师赞许地点点头，说："我马上帮你订好明天的机票。"

　　第二天，吉娜就飞赴纽约百老汇。当时，百老汇的制片人正在酝酿一部经典剧目，几百名各国演员前去应征主角。吉娜费尽周折从一个化妆师手里拿到了将排的剧本。这以后的两天中，吉娜闭门苦读，悄悄演练。初试那天，吉娜以精心的准备出奇制胜。就这样，吉娜顺

利地进入了百老汇，穿上了她演艺生涯中的第一双红舞鞋。

两年后的安乐尼·吉娜已经成了纽约百老汇中最年轻、最负盛名的演员之一。她永远都感谢老师对她的督促。

对于成功来说，单单设定和分解目标是远远不够的，即使你具备了知识、技巧、能力、良好的态度与成功的方法，懂的比任何人都多，如果你不采取行动，一切美好的愿望也都只是虚无缥缈、可望而不可即的海市蜃楼，你还是很难获得成功。正如上面事例中的安乐尼·吉娜，如果没有老师的督促，如果没有安乐尼·吉娜的"立刻行动"，只是空怀梦想，一味地推迟，终究难以实现自己的演员梦。

立刻行动不但是一种良好的习惯和态度，也是每一个成功者共有的特质。什么事情你一旦拖延，就会总是拖延，但如果开始就行动的话，通常就能坚持到底。凡事采取行动就已是成功的一半，第一步是最重要的一步，行动永远应该从第一秒开始，绝不是第二秒。

只要你从早上睁开眼睛那一刻开始，就立刻行动起来，一直行动下去，对每一件事都要坚持立刻去做的态度。你会发现，你整天都会充满行动带来的充实的快感。只要这样持续两个星期左右，你就能养成立刻行动的好习惯。

立刻行动可以应用在人生的每一个阶段，鞭策你去做自己应该做却不想做的事情。不论你现在境况如何，只要用积极的心态去面对，立刻行动，成功就将属于你。否则，一味地拖延，把行动推到明天，终将一事无成。

一位年轻的女士在怀孕时非常高兴地在丈夫的陪同下买回了一些颜色漂亮的毛线，她打算为自己腹中的孩子织一身最漂亮的毛衣毛裤。可是她却迟迟没有动手，有时想拿起那些毛线编织时，她会告诉自己："现在先看一会儿电视吧，等一会儿再织。"等到她说的"一会儿"过去之后，可能丈夫已经下班回家了。于是她又把这件事情拖到明天，原因是"要陪丈夫聊天"。等到孩子快要出生了，那些毛线还像新买回的那样放在柜子里。丈夫因为心疼妻子，所以也并不催她。后来，婆婆看到那些毛线，告诉儿媳不如自己替她织吧，可是儿媳却表示一定要自己亲手织给孩子。只不过她现在又改变了主意，想等孩子生下来之后再织，她还说："如果是女孩子，我就织一件漂亮的毛裙，如果是男孩就织毛衣毛裤，上面一定要有漂亮的卡通图案。"

孩子生下来了，是个漂亮的男孩。在初为人母的忙忙碌碌中孩子一天一天地长大。很快孩子就1岁了，可是他的毛衣毛裤还没有开始织。后来，这位年轻的母亲发现，当初买的毛线已经不够给孩子织一身衣服了，于是打算只给他织一件毛衣，不过打算归打算，动手的日子却被一拖再拖。当孩子2岁时，毛衣还没有织。当孩子3岁时，母亲想，也许那团毛线只够给孩子织一件毛背心了，可是毛背心始终没有织成。

……

渐渐地，这位母亲已经想不起来这些毛线了。

孩子开始上小学了，一天孩子在翻找东西时，发现了这些毛线。孩子说真好看，可惜毛线被虫子蛀蚀了，便问妈妈这些毛线是干什么用的。此时妈妈才又想起自己曾经憧憬的、漂亮的、带有卡通图案的花毛衣来。

从这个事例中，我们不难看出立刻行动的重要性。同时也告诫人们，在日常的工作和生活中必须克服拖延的习惯，想方设法将其从你的个性中除掉。如果不下决心现在就采取行动，那事情就永远不会完成。

比尔·盖茨说过："想做的事情，立刻去做！"

当"立刻去做"从我们的潜意识中浮现时，我们应毫不迟疑地立刻付诸行动。21世纪是一个"快鱼吃慢鱼"的信息时代，资源共享，信息传递飞快，"不进则退，慢进也是退"，只有快速行动，才能使我

们在激烈的竞争中获得更为有利的位置，才能把握住一个个转瞬即逝的机会。

不要等待好运气，也不要等待最好的行动机会，现在就开始做——立刻行动！立刻行动！世上不存在绝对的好时机，不存在完美无缺的力量，同样不存在十全十美的完人。所有的机会、力量以及能力都是在行动中体现出来的。

生命需要立刻行动，去行动才会有成果。不要再犹豫，立刻做出行动，才能去拥抱未来。向每天的生活索取合理的回报，而不是光等着回报跑到你的手中，你会因为得到许多你所希望的东西而感到惊讶。

在一生中，每个人有着种种憧憬、种种理想、种种计划，如果我们能够将这一切憧憬、理想与计划，迅速加以执行，那么我们在事业上的成就不知道会有多么伟大！然而，许多人有了好的计划后，往往不去迅速执行，而是一味拖延，以致让充满热情的事情冷淡下去，幻想逐渐消失，计划最终破灭，致使他们永远也无法到达理想的彼岸。

因此，我们要永远记住："今天就出发，立刻行动！立刻行动！"把它养成自身的一种习惯，好比呼吸一般，好比眨眼一样，成为我们的本能，用它来调整我们的情绪，向目标前行，去迎接失败者避而远之的每一次挑战。

成功者都必须自我激励。激励不是别人的赠予，而是要求自己永远以积极的行动来超越自我。不应该终日沉溺于抱怨、叹息和等待，怨天尤人，拖拉推脱；相反，我们必须立刻行动，朝着自己想要的方向奔跑，因为只有立刻行动才能跨越障碍，最终走向成功。

善于采取行动，才能有所作为

在我们的人生中，必须懂得行动的重要性。做任何事，想得再好也只是一个设想，要想其变为现实，必须付出行动。

在很久以前，有两个朋友，结伴一起去遥远的地方寻找人生的幸福和快乐。一路上，两个人风餐露宿，在即将到达目标的时候，遇到了一条波宽浪高的大河，而河的彼岸就是幸福和快乐的天堂。关于如何渡过这条河，两个人产生了不同的意见：一个建议采伐附近的树木造成一条木船渡过河去；另一个则认为无论哪种办法都不可能渡过这条河，与其自寻烦恼和死路，不如等这条河流干了，再轻轻松松地走过去。

于是，建议造船的人每天砍伐树木，辛苦而积极地制造船只，并且学会了游泳；而另一个则每天睡觉，然后到河边观察河水流干了没有。直到有一天，已经造好船的朋友准备过河的时候，另一个朋友还在讥笑他的愚蠢。

不过，造船的朋友并不生气，临走前只对他的朋友说了一句话："去做一件事不见得一定能成功，但不去做则一定没有机会得到成功！"

这条大河终究没有干枯，而那位造船的朋友经过一番风浪最终到达了彼岸。这两人后来在这条河的两个岸边定居了下来，也都各自衍生了许多子孙后代。河的一边叫幸福和快乐的沃土，生活着一群我们称为勤奋和勇敢的人；河的另一边叫失败和失落的原地，生活着一群

我们称为懒惰和懦弱的人。

这个故事告诉我们："去做一件事不见得一定能成功，但不去做则一定没有机会得到成功！"认为不可渡河之人，拖延使他裹足不前，正是由于恐惧的缘故，以致不敢付诸行动。而建议造船渡河之人起而行动，毫不犹豫，他也正是靠着"每天砍伐树木，辛苦而积极地制造船只，并且学会游泳"这些实际行动克服了恐惧，最终战胜困难，获得成功。

万事始于心动，成于行动。行动是成功的阶梯。目标越准，行动越快，成就才会越大。

心动让梦想飞扬。平庸者和成功者之间的差距不在别处，就在于心动与行动。你是否有心动的想法？你是否行动了？你是否将心动的想法付诸行动了？这将是你梦想能否成真、事业能否成功的重要因素。

不同的人有不同心动的想法，放飞自己心动的梦想，朝自己的目标脚踏实地地迈进，用自己的实际行动实现自己心动的目标。

任何希望、任何计划最终必然要落实到行动上。只有行动才能缩短自己与目标之间的距离，只有行动才能把理想变为现实。做好每一件事，既要心动，更要行动，只会感动羡慕，不去流汗行动，成功就是一句空话。

有两个和尚，一个很贫穷，一个很富有。

有一天，穷和尚对富和尚说："我打算去一趟南海，你觉得怎么样呢？"

富和尚不敢相信自己的耳朵，认真地打量一番穷和尚，禁不住大笑起来。

穷和尚莫名其妙地问："怎么了？"

富和尚问："我没有听错吧！你也想去南海？可是，你凭借什么东西去南海啊？"

穷和尚说："一个水瓶、一个饭钵就足够了。"

富和尚大笑，说："去南海来回好几千里路，路上的艰难险阻多得很，可不是闹着玩的。我几年前就做准备去南海，等我准备充足了粮食、医药、用具，再买上一条大船，找几个水手和保镖，就可以去南海了。你就凭一个水瓶、一个饭钵怎么可能去南海呢？还是算了吧，别白日做梦了。"

穷和尚不再与富和尚争执，第二天就只身踏上了去南海的路。他遇到有水的地方就盛上一瓶水，遇到有人家的地方就去化斋，一路上尝尽了各种艰难困苦，很多次，他都被饿晕、冻僵。但是，他一点儿也没想过放弃，始终向着南海前进。

很快，一年过去了，穷和尚终于到达了梦想的圣地：南海。

两年后，穷和尚从南海归来，还是带着一个水瓶、一个饭钵。穷和尚由于在南海学习了许多知识，回到寺庙后成为一个德高望重的和尚，而那个富和尚还在为去南海做各种准备工作呢。

佛教认为，人的思维决定他的行动，而他的行动则又决定他能否获得正果。其实，在生存处世中也是如此，一个人如果不善于采取行动，他是很难有所作为的。

萤火虫凭借振翅才能发光，而人类靠行动才能获取成功。上面的故事中，如果穷和尚只是一味地准备、等待，而不付诸实际行动，那么他永远也到达不了梦寐以求的圣地——南海，也不可能经历磨炼，最终成为德高望重、受人敬仰的人。

在为人处世的道路上，我们需要的是：用行动来证明和兑现曾经心动过的梦想。也许你早已经为自己的未来勾画了一个美好的蓝图，但是它同时也给你带来烦恼，你感到自己迟迟不能将计划付诸实施，你总是在寻找更好的机会，或者常常对自己说：留着明天再做。这些做法将极大地影响你的做事效率。

因此，要获得成功，必须立刻开始行动。任何一个伟大的计划，如果不去行动，就像只有设计图纸而没有盖起来的房子一样，只能是一个空中楼阁。

在竞争日益激烈的社会中生存，就要懂得心动不如行动。因为，心动只能让你终日沉浸在幻想之中，而行动才能让你最终走向成功。所以，做人一定不要仅是心动，而要采取果断的行动。摆脱你拖延的情绪、战胜你恐惧的心理，现在就付诸行动；做光明的萤火虫，积极振动你的双翅，向世界展示你的光芒。

心灵悄悄话

天下事去做了虽然不一定能够成功，但是你不去做，连成功的可能性都没有。很多事情都是这样，只要你去努力尝试了，就会发现：事情原来并非你想象的那么难。所以，万事切莫等待，付诸行动才能赢得胜利、获得成功。

希望须在行动中收获

猫是老鼠的天敌。一只外号叫"无敌手"的猫打得老鼠溃不成军，把整批整批的老鼠都送进了坟墓。老鼠几乎销声匿迹。残存下来的几只躲在洞里不敢出来，也快要饿死了。

"无敌手"在这帮悲惨的老鼠看来，根本不是猫而是一个恶魔。为了共同的利益，那些残存的老鼠来到了一个角落，就当前的迫切问题召开了紧急会议，商讨用什么方法来对付"无敌手"。

会上提出了许多种方案，但都被否决了。最后一只老鼠站起来提议，他说在猫的脖子上系上一只铃铛，这样，当猫来进攻时，只要听到铃铛响，就知道猫来了，便可以马上逃跑。这真是个绝妙的主意，大家对这个建议报以热烈的掌声。

但是问题是怎样把铃铛系到猫脖子上去呢？一只老鼠说："我没那么笨，我不去。"另一只老鼠说："我干不了。"到最后也没想出一个可以执行的办法，所以只有不了了之。

给猫系上铃铛无疑是个好主意。但问题是谁去系呢？没有一只老鼠愿意去白白送死。

由此可见，再绝妙的想法，如果没有可以执行的方法也只是痴人说梦，没有任何价值。

爱默生曾说："去吧，把你的愿望化为实际行动！"这句话对许多人的人生产生了很大的影响。

福特，这位号称美国"汽车大王"的工商业巨子，说得更简单：

71

宝剑锋从磨砺出

"不管你有没有信心，去做就准没错！"

有些人问美国著名作家、教育家、《心想事成法则》的作者墨菲："我已经如你说的一样，每天想着良好的愿望和美丽的事情，但是依然没有出现好的结果，这是为什么呢？"

墨菲告诉他们："这是因为你们没有把行动的力量发挥出来。根据生命定律，命运的门关闭了，潜意识会为你开启另一道门。所以我们应该积极寻找那道敞开的门；而在这扇幸福之门面前向你招手的，就是'行动'。只有不停地从事有意义的行动，我们才能从不幸的境遇中解放出来，最终实现自己的愿望。"

成功者与失败者的区别在于：前者动手，后者动口。

在人生的旅程中，很多人都知道哪些事该做，然而真正身体力行去做的人却不多。愿望如果没有与积极的行动相配合，就只是一种盲目的自我陶醉。

有一位名叫西尔维亚的美国女孩，她的父亲是波士顿有名的医生，母亲在一家声誉很高的大学担任教授。她的家庭对她有很大的帮助和支持，她完全有机会实现自己的理想。她从念中学的时候起，就一直梦寐以求当上电视节目的主持人。她觉得自己具有这方面的才干，因为每当她和别人相处时，即便是生人也都愿意亲近她并和她长谈。她自己常说："只要有人愿给我一次上电视的机会，我相信我一定能成功。"

但是，她什么也没做，而在等待奇迹出现，希望一下子就当上电视节目的主持人。

她不切实际地期待着，结果什么奇迹也没有出现。

谁也不会请一个毫无经验的人去担任电视节目主持人。而且，节目的主管也没有兴趣跑到外面去搜寻人，相反都是别人去找他们。

另一个名叫艾伦的女孩却实现了与西尔维亚同样的理想，成了著名的电视节目主持人。艾伦并没有白白地等待机会出现，她不像西尔维亚那样有可靠的经济来源，所以白天去打工，晚上在大学的舞台艺术系学习。毕业之后，她开始谋职，跑遍了每一个广播电台和电视台。但是，每一个地方的经理对她的答复都差不多："不是已经有几年经验的人，我们是不会雇用的。"

但是，她不退缩，也没有等待机会，而是去寻找机会。她一连几个月仔细阅读广播电视方面的杂志，最后终于看到一则招聘广告，北达科他州有一家很小的电视台招聘一名预报天气的女主持人。她抓住这个工作机会，动身到北达科他州。

她在那里工作了 3 年，最后在洛杉矶的电视台又找到了一个工作。又过了 5 年，她终于得到提升，成为梦想已久的节目主持人。西尔维亚那种失败者的思路和艾伦的成功者的观点正好背道而驰。她们的分歧点就在于，西尔维亚在 12 年当中，一直停留在幻想上，坐等机会，期望时来运转，而艾伦则是采取行动。首先，她充实了自己；然后，在北达科他州受到了训练；接着，在洛杉矶积累了比较多的经验；最后终于实现了理想。

因此，只有空想不去行动是没有任何意义的。赫胥黎有句名言："人生伟业的建立，不在能知，乃在能行。"用心设下的目标，如果不付诸行动，便只是画饼充饥，除非付诸行动，否则毫无意义。

 灵悄悄话

梦想和激情需要行动来实现，我们坚信，行动托起梦想，希望在行动中收获！没有行动就没有收获。任何宝典永远不可能创造财富，只有行动才能使宝典、计划、目标具有现实意义。

第三篇 心动永远不如行动

成功需要大胆尝试

很多人抱怨上天不给自己成功的机会，感慨命运捉弄自己。其实机会就在他们身边，只是因为他们自己害怕困难而自行放弃了，而机会一旦丧失，就很难重新拥有。这也正是一些人无法成功的原因。很多时候，只要积极地尝试过、努力过，纵然没有取得成功，你也拥有了经验，而且你的精神意志也会在不断尝试的过程中渐渐得到锻炼和提升。

曾经看过这样一则故事：

从前有一个国王，他有一件非常重要的国家大事，需要委派一位大臣到邻国去办理，但他想来想去也不知道派哪一位大臣最合适。在他反复思考后，终于想出了一个办法。

一天他把所有的大臣都召集到一块儿，并把他们领到一扇巨大的铁门前从容地对众臣说："谁要是把眼前的这一扇铁门推开，我一定会给予重赏。"

话音刚落，大臣们众音皆哑。都你看着我，我看着你，感到非常惊讶，心想这么大一扇铁门，就是全部大臣一起，也不能推开，更何况一个人。最后所有的大臣都带着一种"根本不可能"的表情摇摇头。

突然一位大臣从人群中走出来，到铁门前毫不犹豫地用一只手就把铁门推开了。这时大臣们都惊呆了，国王走到他面前满意地笑了，并把这个重任交给了他。理由很简单，他是一个思想独特、敢于尝试的人。

当一个人害怕失败到极点，他就再也不敢行动。这样，他自己就剥夺了自我尝试的机会，永远不能给自己制造改变命运的机会。年轻人要敢于去尝试，不要想想就算了。一件事情的背后往往会遇到很多新的机遇，而这些机遇不尝试是不会遇到的。你所跨出的一步，往往会给你下一步的人生带来很大的改变。

任何一个有成就的人，都有勇于尝试的经历。尝试就是探索，没有探索就没有创新，没有创新就不会有成就。所以说，成功人生自尝试开始。

一位年轻人在公司工作半年后很想了解总裁对自己的评价，虽然他觉得事务繁忙的总裁可能不会理睬，但这位年轻人还是决定给总裁写一封信。

他在信中向总裁问了最重要的一个问题："我能否在更重要的位置上干更重要的工作？"

没想到总裁回信了，他只对他最后的问题做了批示："公司决定建一个新厂，你去负责监督新厂的机器安装吧。但你要有不升迁也不加薪的准备。"

随同那封回信，还有总裁给他的一张施工图纸。年轻人没有经过这方面工作的任何训练，却要在短时间内完成任务，在一般人看来，这是非常困难的。年轻人也深知这一点，但他更清楚，这是一个难得的机会，如果自己因为困难而退缩，那么可能永远也不会有幸运垂青于他。于是他废寝忘食地研究图纸，向有关人员虚心请教，并和他们一起进行分析研究。最后，工作得以顺利开展，并且提前完成了总裁交给他的任务。

当这位年轻人向总裁汇报这项工作的进展时，他没有见到总裁。一位工作人员交给他一封信，信中说："当你看到这封信时，也是我祝贺你升任新厂总经理的时候。同时，你的年薪比原来提高10倍。据我所知你是不能看懂这图纸的，但是我想看看你会怎样处理，是临阵退缩还是迎难而上。

"结果我发现，你不仅具有快速接受新知识的能力，还有出色的领导才能。当你在信中向我要求更重要的职位和更高的薪水时，我便发现你与众不同，这点颇令我欣赏。

"对于一般人来说，可能想都不会想这样的事，或者只是想想，但没有勇气去做，而你做了。新公司建成了，我想物色一个总经理。我相信，你是最好的人选。祝你好运。"

生活中确实有许多的"不可能"，它无时无刻不在侵蚀着我们的意志和理想，许多本来能被我们把握的机遇也便在这"不可能"中悄然逝去。其实，这些"不可能"大多是人们的一种想象，只要能拿出勇气主动出击，那些"不可能"就会变成"可能"。我们很多时候之所以不能成功，缺乏的不是才能和机遇，而是那种大胆尝试的勇气。

瑞典化学家诺贝尔致力于炸药的研究，一次次失败，一次次炸伤，终于研制出了爆炸力极强的 TNT 炸药；农药"六六六"也是经过 666 次实验才成功的。所以对于当代青年来说，尝试精神就更为重要，它可以引发我们对问题的思考和探索，以及培养我们创新的能力。当然尝试需要勇气，要有不怕失败的精神，不去尝试，肯定不会失败，但也绝不会享受成功的喜悦。

尝试是一种追求，一种信念，一种无畏，一种越过冷漠荒原后，看到生命绿洲的快乐。尝试的过程是美丽的、充实的，孕育着希望与憧憬。它因此魅力无限，吸引着我们不懈奋斗。

尝试需要勇气，勇气永远是成功的催化剂；尝试需要坚忍，坚忍铸造卓越与杰出；尝试需要参与，参与才能增长才干，开阔眼界。如果不去尝试，虽然避免了失败，但也失去了成功的机会。跌倒一万次，第一万零一次仍能微笑站起来的人，生活永远难不倒他。也许奔流却掀不起波浪，也许攀缘却达不到顶峰，但我们毫无怨言，因为尝试过，人生无悔。

心灵悄悄话

有了尝试，你的面前似乎没有路，却到处有路可走；有了尝试，梦的翅膀便会劲舞苍穹，领略搏击长空的豪迈与洒脱；有了尝试，才能激发出你的潜能，你会惊喜地发现你自己原来还行。

第三篇　心动永远不如行动

要敢闯，但决不能乱闯

我们每个人都渴望成功，但并不是每个人都敢于闯荡，因为闯荡还有一个风险，很多人怕承担风险，所以不敢闯荡，最后与成功失之交臂。只有敢闯的人，才会最终走向成功。

有人曾对许多成功人士做过调查研究，并得出结论：成功的关键是要有成功的胆量，敢想是成功的第一步。研究者还指出，在成功者和其他人之间有一条明显的界线，不妨称其为成功的边缘。这个边缘不是特殊环境或是智商差异的结果，也并非教育优劣或天赋有无的产物，也不是靠什么天时地利来成就，跨越边缘的关键是敢想敢做的态度。

网络、报纸上刊登有很多勇于闯荡的成功故事，小薛就是其中一例。

小薛是一个敢闯的人。1998 年，他只身一人从老家出来闯荡。如今，十多年过去了，他终于有了一份自己的事业。他说，如果当初不敢出来闯，他现在也许还在别人的工厂里打工呢。

1992 年，初中毕业的小薛在老家浙江台州的一家企业里打工。每到过年过节，看到自己身边的朋友都在外地做生意，自己也沉不住气了。当时，他有个朋友在芜湖做建材生意，告诉他宣城开了个建材市场，应该很有前途。在这位朋友的引导下，小薛辞去了厂里的工作，怀揣着 17 万块钱，第一次来到宣城建材市场，在那里租了个门面卖建材，主要有卫生洁具、陶瓷、水暖器材等。东西多，品牌杂，当时经常有许多宁国的顾客到他的店里去买东西，而且宁国人买东西都选最好的，而且很干脆。当时他想，宁国这个地方的生意一定很好做。于是，他几次来到宁国，做了一番市场调查，果不其然，宁国的消费水平一点也不低，而且宁国人热情豪爽，不排外，他认为，在宁国开店应该比宣城更好。

2000年7月，小薛关掉了在宣城的店铺，来到宁国，他先在北园路租了四间门面房。刚到宁国时，由于人生地不熟，加上自己又年轻，缺乏理财经验，前几年几乎没有赚到钱。好在他的心态好，他说，出门就是准备吃点亏的。所以不管遇到什么困难，他都能坦然面对。

小薛成功了，他的成功不仅是因为他有着敏锐的商业眼光，更是因为他有一股敢闯敢做的精神。十年前来宁国闯荡的小薛，如今已经在宁国成家立业。我们相信，就凭着他那股闯劲与眼光，他的事业一定会更加辉煌。

要想挣大钱，成大事，就要敢想，敢往深里想，敢往远里想，敢往大里想，敢往不可思议处想，敢往别人认为是开玩笑的地方想。但无论怎样想，一定要配合一套完整的、可行的实施计划和专心地志致、百折不挠的信念。

任何人、任何一家公司，要想获得成功，首先必须敢想才行，也就是要敢于想象自己的未来，把自己的理想和目标提升起来，而不要退缩在一个狭小的角落。

敢闯敢干是一个良好的品质，但是绝不能鲁莽。怎样区别敢闯敢干与鲁莽的界限呢？

有这样一个比喻：一个人要进一个山洞里面取一块金砖。如果那山洞里面全是野狗，就可以搏一搏；如果那山洞里面全是老虎，要是再进去的话，就是鲁莽了；如果那山洞里虽然没有任何动物，但也没有金砖，要是再进去的话，就是乱闯。

自 强

宝剑锋从磨砺出

无知冒进，即是乱闯；无知的行为将变得毫无意义，只能惹人耻笑。

比如挖金子，智者自己是不需要锄头的。如果他想得到金娃娃，一定要组织专家勘察，找到金矿，把情况弄清楚，把开发的手续办妥，把保卫的人员找够，再组织有技术的人去挖、去淘、去炼，靠科学的方法，井然有序地干。而最终如果有收获，也不是一个两个金娃娃，而是稳定的、源源不断的金子每天从他的机器里生产出来。

商人鲁冠球说："一个企业的成功是很难找到规律的。许多时候它都与机遇有关。但失败是有规律的，那就是超越了自己的能力。"要在自己能力范围之内吃螃蟹，好比瓮中捉鳖。这样的人，既有胆识、有眼光，又很稳妥，哪有不成功的道理。

心灵悄悄话

敢闯，但绝对不要乱闯，这是一个很简单的道理。经商的人应该以自身知识与经验为后盾，凭着高屋建瓴的远见卓识、果敢迅猛的冒险精神，当机立断地作出决策并付诸实施。

少说多做，行动最重要

　　吉列公司的创始人金·吉列 1901 年向世人推出了"安全剃须刀"，这个产品非常成功。那时，士兵们必须将脸刮干净以确保他们的防毒面具使用正常。

　　战争确立了这种安全剃刀在美国的地位，但士兵雅各布·希克对这种剃刀却不以为然。因为当有热水时，这种剃刀无疑是很好的，然而希克的驻地在阿拉斯加，每天早晨他都得敲开冰层取水刮脸。于是，发明一种新产品的念头开始在他脑中转动。

　　希克决定发明一种干剃刀。他遇到的最大难题在于需要有一个足以发动小机器的小型电动马达。希克用了 5 年时间才得以完成他的这项发明，并于 1923 年取得该发明的专利权。1931 年经济大萧条时期，他将所有财产抵押出去，获得贷款将剃须刀推向市场。25 美元的标价虽然高了些，但他还是卖出了 3000 把。慢慢地，这种剃须刀开始盈利了。接着，希克将所有利润投入广告宣传中去，结果到 1937 年的时候，他已售出了 200 万把电动剃须刀，希克成为"电动剃须刀大王"。

　　看来，好的创意的实现还要靠锲而不舍的努力。阿拉伯有句格言：聪明人把希望寄托在行动上，糊涂人把希望寄托在幻想上。思想固然重要，但行动往往更重要。

　　从前，有一位满脑子都是智慧的教授与一位文盲相邻而居。尽管两人地位悬殊，知识水平、性格有天壤之别，可两人有一个共同的目标：尽快富裕起来。

每天，教授跷着二郎腿大谈特谈他的致富经，文盲在旁虔诚地听着，他非常钦佩教授的学识与智慧，并且开始依着教授的致富设想去付出行动。若干年后，文盲成了一位百万富翁，而教授还在空谈他的致富理论。

可见，行动才是最终的决定力量。无论你的计划多么详尽，语言多么动听，你不开始行动，就永远无法达到目标。在一生中，我们有着种种计划，若能够将计划切实执行，那么，事业上所取得的成就，将是伟大的！

美国成功学家格林演讲时，曾不止一次地对听众开玩笑说，全球最大的航空速递公司——联邦快递（FedEx）其实是他构想的。

格林没说假话，他的确曾有过这个主意。20世纪60年代格林刚刚起步，在全美范围内为公司做中介工作，每天都在为如何将文件在限定时间内送往其他城市而苦恼。

当时，格林曾经想到，如果有人开办一个能够将重要文件在24小时之内送到任何目的地的服务，该有多好！

这想法在他脑海中停留了好几年，他也一直经常和人谈起这个构想，遗憾的是，他没有采取行动，直到一个名叫弗列德·史密斯的家伙（联邦快递的创始人）真的把它转换为实际行动。就这样，格林与开创事业的大好机会擦肩而过。

格林用自己的故事现身说法：成功地将一个好主意付诸实践，比在家空想出一千个好主意要有价值得多。没有行动，再远大的目标只是目标，再完美的设想也仅仅是设想，要想使其变为现实，必须付诸行动。

艾柯卡就任美国克莱斯勒公司经理时，公司正处于一盘散沙状态。他当时的职责就是动员员工来振兴公司。艾柯卡没有做任何动员和号召，而是主动把自己的年薪由100万美元降到象征性的1美元。这100万美元与1美元的差距，使艾柯卡超乎寻常的牺牲精神在员工面前闪闪发光。榜样的力量是无穷的。很多员工因此感动得流泪，也都像艾柯卡一样，不计报酬，团结一致，自觉为公司勤奋工作。不到半年，濒临破产的克莱斯勒公司一举扭亏为盈。

种种事实已经证明，让自己立于不败之地的最好方法就是不卖弄口舌，以行动说话。行为有时比语言更重要。人的力量，很多时候往往不是由语言，而是由行为和动作体现出来的。

心灵悄悄话

做人就要少说多做，因为言语要有价值，必须以行动来支持。"只想不做的人只能生产思想垃圾！"著名作家布莱克说，"成功是一把梯子，双手插在口袋里的人是爬不上去的。"

看准自己的方向，大胆前进

以创造微软帝国而享誉世界的比尔·盖茨，在自己的青年时代果断"投笔从商"，以非凡的才智和勇气，创造了属于自己的时代。

比尔·盖茨中学毕业的时候，他父母对他说："哈佛大学是美国高等学府中历史最悠久的大学之一，是一个充满魅力的地方，是成功、权力、影响、伟大的象征。你必须读一所大学，而哈佛是最好的。它对你的一生都会有好处。"盖茨听从了父母的劝告，进了美国最著名的哈佛大学。他当时填的是法律专业，但他其实并不想继承父业去当一名律师。

盖茨在哈佛既读本科又读研究生课程（这是哈佛学生的特权），但他真正的兴趣依然在电脑上。他曾同朋友一起认真地讨论过创办自己的软件公司。他认定："电脑很快就会像电视机一样进入千家万户。而这些不计其数的电脑都会需要软件"。

大学二年级的时候，比尔·盖茨终于向父母说了他一直想说的话："我想退学。"

他的父母听了非常吃惊，也非常伤心。他们认为比尔现在的一切都很好，如果放弃令人羡慕的律师专业，而去从事毫无"发展前途"的电脑行业，无疑是一种很大的冒险，因为他是在拿自己的终身事业做赌注。但他们无法说服盖茨改变主意。于是，他们请了一位受人尊敬的商业界领袖去说服盖茨。

盖茨在同这位商业巨头会面的过程中像个布道者一样滔滔不绝地

向他讲述自己的梦想、希望和正在着手做的一切。这位商业巨头不知不觉地被感染了，仿佛又回到了自己当年白手起家的创业时代。他忘记了自己的使命，反而鼓励盖茨："你已经看到了一个新纪元的开始。而且正在开创这一个伟大的时刻。好好干吧，小伙子。"

父母无奈，只得同意了盖茨的要求。

从此，盖茨一心一意地投身于自己的电脑软件领域中，他真的在梦想成真的成功之路上，开创了世界瞩目的业绩。

盖茨为了使自己的计划实现，权衡利弊，勇于放弃读完哈佛大学的机会，而搞自己有兴趣的软件。如果他听取了父母的意见，读完大学再来创业，他现在又如何能誉满全球，成为世界上声名显赫的"软件大王"比尔·盖茨呢？

事实证明，盖茨的选择是对的。在短短的十几年之内，一个无与伦比的微软帝国出现了；盖茨也一跃成为世界首富，并成为人类历史上第一个财富超过千亿美元的人。他的巨大成功，正源于那次看似冒险，实则英明至极的退学选择。

心灵悄悄话

成功的人，都有浩然的气概，他们都是大胆的、勇敢的。他们的字典上，是没有"惧怕"两个字的，他们自信他们的能力是能够干一切事业的，他们自认他们是个很有价值的人。

勇敢迈出第一步

万事开头难。行动的第一步是最难迈出的。很多人执迷于周全的计划、详细的考虑，把种种困难全部一起挖出，然后在脑海中寻思各种克服的办法，结果又有新的困难产生，越来越千头万绪。最终被困难压倒，在行动之前就已放弃。

如果总是认为自己的梦不可能会来到，那么你得到的永远是个白日梦。

有一个人已经53岁了，如果生活安稳，就等着安享晚年。偏偏命运多舛，华发满头的年龄，负债累累，债主时常上门讨债，他天天离开家门以避责难。他总想东山再起，却每每干一行败一行，最后总是不得善终。

他53岁之前的命运似乎是上帝给他开了一个恶作剧般的玩笑。同时入伍的朋友获得勋章，荣归故里，而他因战争失去了左手的功能。年轻的时候进不去政府，论资排辈也该有所成就，偏偏每次都与政治是非相连，数次入狱。到了如此境遇，该是彻底放手的时候了，酒吧里买个醉，回到家里大睡一场。偏偏他不认命，他要写书，他说所有梦想现在都破灭了，只有这个梦想没有尝试。

所有认识他的人都觉得他实在荒唐，从来没有一个人可以在53岁的时候开始创作而有所成就。但是他一意孤行，他写了一本小说。这本小说就叫《堂·吉诃德》，他的名字叫塞万提斯。

成功，始于心动，成于行动。每个人都拥有两种最基本的能力：思维能力和行动能力。没能达到自己的目标，往往不是因为我们的思维没有想到那儿，而是因为缺乏行动能力。

好的想法十分钱一打，真正无价的是能够实现这些想法的行动。主意本身不会带来任何的成功，只有将主意付诸行动时，主意才会体现其价值和影响。

一位英国教父在他生命垂危之际，决定在自己的墓碑上留下一些文字，但是他思前想后都无从下手。最后他还是从自己的心愿着手。他让人记录了这么一段话：

"我年轻时意气风发，当时曾梦想着改变世界。但当我年龄渐长阅历增加后，才渐渐发觉自己无力改变世界，于是缩小了范围，决定先改变自己的国家，但目标似乎还是不可能实现。

"步入中年后，无奈我试图改变我最亲密家人们的生活状况。但不遂人愿，他们还和以往一样地生活。

"现在即将逝去，我终于悟出了一个道理：我不缺乏改造世界、国家、家人的能力，仅仅缺乏的是付诸行动的实践。"

说一千道一万，付出行动才会有可能达到你的预期目标，否则再好的想法也不会带来任何的影响与改变。

在美国一个偏远的小山村里，曾有一位出身卑微的马夫，他后来竟然成为美国一位著名的企业家，他就是查理·斯瓦布。

斯瓦布先生小时候的生活环境非常不好，他只受过很少的学校教育。从 15 岁开始，他就在村里赶马车了。过了两年，他才找到了另外一个工作，每周只有 2.5 美元的报酬。不久他去卡耐基钢铁公司的一个工厂应聘，被正式聘用后日薪 1 美元。当他在这个工厂做工的时候，就暗暗地下了决心：总有一天我要做到本厂的经理。我一定要做出成绩来给老板看，让他主动提升我。我不去计较薪水，就是要拼命地工作。我就是要积极地行动、行动！让所有人都赏识我！

斯瓦布的积极行动果然成就了他的事业。工作不久，他就升任为技师，接着升任总工程师。到了 25 岁的时候，他就当上了那家房屋建筑公司的经理。又过了 5 年，他便兼任起卡耐基钢铁公司的总经理。39 岁时他一跃升为全美钢铁公司的总经理。后来他又当上了伯利恒钢铁公司的总裁。

尽善尽美的状况在现实中是不存在的，与其总是懦懦不安地预计未来的障碍和困难，不如等到障碍和困难到来时，彻底解决省事。往往那些前怕狼后怕虎的想法，不但会扰乱自己的心志，还会让我们每走一步都犹豫不决做不好手中的事情。其实有些时候，奔着一个自己的大目标奋斗就可以了，那些细枝末节的琐碎担忧只会带来麻烦，而且不值一提。

行动孕育信心，并且增强信心，形形色色的懒惰则孕育恐惧。要战胜恐惧，那么请行动起来；用行动治疗恐惧是最好的药方。

心灵悄悄话

空想只是一味地幻想，终究仍是一事无成；行动不一定带来成功，但不行动则绝对不能成功。要成功自然有一段路要走，但如果一直站在起点上不迈步前进，永远不会把这段路程缩短。记住，多走一步，离成功就会近一步。

拒绝空想

每个人都有自己的理想和愿望，并为之设计了美妙的蓝图和具体的计划，可是，很多人却只是在空想，不肯用行动来奋斗。因此，空想是可怕的，没有具体的行动，那只能是一纸空文和幻想罢了。

要把愿望变成现实，你就必须行动。

第二次世界大战之后不久，席第先生进入美国邮政局的海关工作。他很喜欢他的工作。但五年之后，他对工作上的种种限制、固定呆板的上下班时间、微薄的薪水以及靠年资升迁的死板的人事制度（这使他升迁的机会很小），愈来愈不满。

他想自己在海关工作中耳濡目染，已经学到许多贸易商所应具备的专业知识。为什么不早一点跳出来，自己做礼品玩具的生意呢？他以为许多贸易商对这一行许多细节的了解不见得比他多。他想象着自己的生意很快就能发展成为全国规模的生意，他的分公司遍及天下。

可是过了 10 年，直到今天他仍然规规矩矩地在海关上班。

为什么呢？因为他每一次准备放手一搏时，总有一些意外事件使他停止。例如，资金不够、经济不景气、新婴儿的诞生、对海关工作的一时留恋、贸易条款的种种限制以及许许多多说不完的原因，这些都是他一直拖拖拉拉的理由。

其实是他使自己成为一个"被动的人"。他想等所有的条件都十全十美后再动手。由于实际情况与理想永远不能相符，所以只好一直

拖下去。

空想，任何人都可以，但是变成现实，却不是任何都可以的。因为在前进的途中会遇到很多未知的困难，能不能应对这些困难则是成功与否的重要一环。

首先，你要预计实际行动中会有的种种困难。

因为每一个冒险都会带来许多风险、困难与变化。假设你从芝加哥开车到旧金山，一定要等到"没有交通堵塞、汽车性能没有任何问题、没有恶劣天气、没有喝醉酒的司机、没有任何类似意外"之后才出发，那么你什么时候才出发呢？你永远走不了的。当你计划到旧金山时，先在地图上选好行车路线，检查一下车，并且尽量考虑一下排除其他意外的做法，这些都是出发前需要准备的事项，但是仍无法完全消除所有的意外。

其次，困难到来时，要积极地去应对，解决困难。

成功的人物并不是在行动前就解决所有的问题，而是在行动遭遇困难时能够想办法克服。不管从事工商业还是解决婚姻问题或任何活动，一遇到麻烦就要想办法处理，正像遇到沟壑时就跨过去一样自然。我们无论如何也买不到万无一失的保险，要下定决心去实行你的计划。

五六年前，有个很有才气的教授想写一本传记，专门研究"几十年以前一个让人议论纷纷的人物的轶事"。这个主题既有趣又少见，真的很吸引人。这位教授知道的很多，他的文笔又很生动，这计划注定会替他赢得很大的成就、名誉与财富。

一年过后，碰到他时无意中提到他那本书是不是快要大功告成了（这一问题实在太冒失，真的冒犯了他）。

老天爷，他根本就没写。他犹豫了一下子，好像正在考虑怎么解释才好。最后终于说他太忙了，还有许多更重要的任务要完成，因此自然没有时间写了。

他这么辩解，其实就是要把这个计划埋进坟墓里。他拽出各种消极的想法，他已经想到写书多么累人，因此不想找麻烦，事情还没做就已经想到失败的理由了。

具体可行的创意的确很重要，我们一定要有创造与改善任何事的创意。成功跟那些缺乏创意的人永远无缘；但是你也不能对这一点有误解。因为光有创意还不够。那种能使你获得更多的生意中简化工作步骤的创意，只有在真正实施时才有价值。

每天都有几千人把自己辛苦得来的新构想取消或埋葬掉，因为他们不敢行动。过了一段时间，这些构想又会回来折磨他们。

记住下面两种想法：

第一，切实执行你的创意，以便发挥它的价值，不管创意有多好；除非你真正身体力行，否则永远没有收获。第二，实行时心理要平静。天下最悲哀的一句话就是：我当时真应该那么做却没有那么做。每天都可听到有人说："如果我几年前就开始那笔生意，早就发财啰！"或"我早就料到了，我好后悔当时没有做成一个好创意。如果胎死腹中，真的会叫人叹息不已，永远不能忘怀。"

人生只有在行动过程中，才会创造财富，才会改变命运，当然也会带来无限的满足。如果你已经决定要去做一件事情，那么赶快行动吧！不要停留在对事情的憧憬和空想阶段！

心灵悄悄话

青年时代是最富朝气、最有活力的时代。那些敢想敢做的年轻人，大多在日后都有或大或小的成就。正如一首歌里面唱道："要用青春赌明天。"敢于冒险，敢于追求自己的理想的人，会比别人活得更加潇洒，更有成就感。

今日事，今日毕

我们在行动过程中，往往会因为种种事情耽搁，或者因为自身的原因，不按预定的计划执行。本该今日做完的事没有完成，而这时我们却往往为自己辩护，认为明天补上就可以了。其实，很多事情的不能成功就是这样的思想所致，使得事情不能按原计划执行，达不到预期目的。

我们总是拖延自己今天应该干的事情，总是想着明天再做。

在兴趣、热忱浓厚的时候做一件事，与在兴趣、热忱消失了以后做一件事，它的难易、苦乐，真不知相差多少！在兴趣、热忱浓厚时，做事是一种喜悦；兴趣、热忱消失时，做事是一种痛苦。

搁着今天的事不做，而想留待明天做，就在这个迁延中所耗去的时间、精力，实际上足够将那件事做好。

迁延的习惯很妨碍人的行事。俗话说："命运无常，良缘难再。"在我们一生中，若错过良好机会，不及时抓住，以后就可能永远失去了。

一个生动而强烈的意想、观念，忽然闯入一位著作家的脑海，使他生出一种不可阻遏的冲动，便想提起笔来，将那美丽生动的意象、境界，移向白纸。但那时他由于某种原因，没有立刻就写。那个意象还是不断地在他脑海中活跃、催促，然而他还是迁延。后来，那意象逐渐地模糊、褪色，终于完全消失。

一个神奇美妙的印象，突然闪电一般地袭入一位画家的心灵。但是他不想立刻提起画笔，将那不朽的印象表现在画布上，虽然这个印象占领了他全部的心灵，然而他总是不跑进画室，埋首挥毫。最后，这幅神奇的图画，渐渐地从他眼前淡去。塞万提斯说："取道于'等一会'之街，人将走入'永'不之室。"真是名言。

为什么这些印象、冲动，是这样的来去无踪？其来也，是这样的强烈而生动；其去也，是这样的迅速而飘忽？就因为这些印象之来，原是我们在当初新鲜、灵活时，立刻就去利用它们的。

迁延往往会生出悲惨的结局。恺撒因为接到了报告，没有立刻展读，遂致一到议会，丧失了生命。拉尔上校正在玩纸牌，忽然有人递来一个报告，说华盛顿的军队，已经进展到提拉瓦尔。他将报告塞入衣袋中，牌局完毕，他才展开阅读，虽然他立刻调集部下，出发应战，但时间已经太迟了，结果是全军被俘，自己也因此战死。仅仅是几分钟的延迟，使他丧失了尊严、自由与生命。

拖延着明天去做，是人性的弱点。

为什么我们被拖延着明天去做呢？

（1）我们自己欺骗自己，要自己相信以后还有更多的时间。这种情形在我们要做一件大事时特别会有此倾向。通常事情越大，我们越会拖延。

（2）有些事情现在看来似乎不重要，有些事情离结果太远，也许我们先做其他事情，等到迫不得已再来做这些事。有些人拖延的事情太大，以致到了不做不行的时候，他们每天忙得团团转，犹如救火员一样。

（3）没有人逼。除非有人逼他们去完成。被人一逼，他们才会去做。

（4）我们拖延工作是因为它们似乎是令人不愉快的、困难的或冗长的。不幸的是我们越拖延，就越令人不快。

"明日复明日，明日何其多！我生在明日，万事成蹉跎。世人若被明日累，春去秋来老将至。朝看水东流，暮看日西坠，百年明日有几时？请君听我《明日歌》。"这是明朝诗人对拖延时间的人的忠告。

所以，我们要克服自己拖延的毛病，一定要记住：

现在有事情，现在就做，不要明天再说。

你应当下定决心，去努力改善你现在所住的茅屋，使它成为世界上快乐的处所。至于你幻梦中的亭台楼阁、高楼大厦，在没有实现之前，还是请你迁就些，把你的心神仍旧贯注在你现有的茅屋中。这并不是叫你不为明天打算，不对未来憧憬。这只是说，我们不应当过度地集中我们的目光于"明天"，不应当过度地沉迷于我们"将来"的梦中，反而将当前的"今日"丧失，丧失它的欢愉与机会。

人们常有一种心理，想脱离他现有不快的地位与职务，在渺茫的未来中，寻得快乐与幸福。其实这是错误的见解。试问有谁可以担保，一脱离了现有的地位，就可得到幸福呢？有谁可以担保，今日不笑的人，明日一定会笑呢？假使我们有创造与享乐的本能，而不去使用，怎知这种本能不在日后失去作用？

我们应该紧紧抓住"今日"！

享誉世界的我国书画家齐白石先生，90 多岁后仍然每天坚持作画，"不叫一日闲过"。有一次，齐白石过生日，他是一代宗师，学生、朋友非常多，许多人都来祝寿，从早到晚客人不断，先生未能作画。第二天，一大早先生就起来了，顾不上吃饭，走进画室，一张又一张地画起来，连画 5 张，完成了自己规定的今天的"作业"。在家人反复催促下吃过饭他又继续画起来，家人说"您已经画了 5 张，怎么又画上了？""昨天生日，客人多，没作画，今天多画几张，以补昨天的'闲过'呀。"说完又认真地画起来。齐白石老先生就是这样抓紧每一个"今天"，正因为这样，才有他充实而光辉的一生。

1871 年春天，一个年轻人拿起了一本书，看到对他前途有莫大的影响的下句话。他是蒙特瑞综合医院的医科学生，生活中充满了忧虑，担心怎样通过期末考试，担心该做些什么事情，该到哪去，怎么才能开业，怎么才能过活。

这位年轻的医科学生，在1871年所看到的那句话，使他成为他那一代最有名的医学家。他创建了全世界知名的约翰霍普金斯医学院，成为牛津大学医学院的钦定讲座教授——这是在英帝国学医的人所能得到的最高荣誉——他还被英国皇室册封为爵士。他死后，需要两大卷书——厚达1466页的篇幅，才能记述他的一生。

他的名字叫作威廉·奥斯勒爵士。下面，就是他在1871年春天时所看到的那一句话——这由汤玛·卡莱里所写的一句话，帮他度过了无忧无虑的一生："最重要的就是不要去看远方模糊的，而要做手边清楚的事。"

42年之后，在一个温和的春夜郁金香开满校园的时候，威廉·奥斯勒爵士对耶鲁大学的学生发表了演讲。

他对那些耶鲁大学的学生们说，像他这样一个曾经在4所大学当过教授，写过一本很受欢迎的书的人，似乎应该有"特殊的头脑"，但其实不然。他说，他的一些好朋友都知道，他的脑筋其实是"最普通不过了"，那么他成功的秘诀是什么？

这完全是因为他活在所谓"一个完全独立的今天"里。

在奥斯勒爵士到耶鲁大学去演讲的几个月前，他乘着一艘很大的海轮横渡大西洋，看见船长站在舵室里，摁下一个按钮，发出一阵机械运转的声音，船的几个部分就立刻彼此隔绝开来——隔成几个完全防水的隔舱。

第三篇 心动永远不如行动

"你们每一个人，"奥斯勒爵士对那些耶鲁的学生说，"组织都要比那艘大海轮精美得多，所要走的航程也更远得多。我要劝各位的是，你们也要学着怎样控制一切，而活在一个'完全独立的今天'里面，用铁门把过去隔断——隔断那些死去的那些昨天；摁下另一个按钮，用铁门把未来也隔断——隔断那些尚未诞生的明天。然后你就保险了——你有的是今天……切断过去，让已死的过去埋葬掉；切断那些会把傻子引上死亡之路的昨天……明日的重担，加上昨日的重提，

自 强

就会成为今日最大的障碍，要把未来像过去一样紧紧地关在门外……未来就在于今天……没有明天这个东西的，人类的救赎日就是现在，精力的浪费、精神的苦闷，都会紧随着一个为未来担忧的人……那么把船后的大隔舱都关断吧，准备养成一个好习惯，生活在'完全独立的今天'里。"

生活在今天，从现在开始，做现在的事情。

只有现在才有成功。

在人生的道路上，在追求事业的征途上，每个人都会遇到诸如晋升不利、就业不成、受压制和遭排挤等形形色色的不顺。在困境面前奋斗、进取，还是消沉、堕落，这往往是一个人能否在不断追求中取得成功的关键所在。

从小事做起

成功，来自点滴积累。有人心想做大事，而忽略了小事的重要性，以至于眼高手低。从平常小事扎实地做起，才能有足够的资本去成就大事。因此，从小事做起，不是胸无大志，而是成功人士的可贵品质。

在 2000 年的亚洲杯足球赛上，中国队杀进四强，半决赛中同日本队相遇。赛前许多队员都表示：我们不怕日本。比赛时教练的战术安排没什么错误，队员们拼劲也十足，但最终还是以 2:3 输掉了这场比赛。应当说，中国队较以往有进步，场面也不难看，但日本队明显技高一筹，尤其下半场完全控制了场上的主动，基本上是在压着中国队打。

我们这里不是在评球，而是要说评论员黄健翔所说的这段话：

要说速度和身体条件，日本队好像不如我们，他们前锋速度并没有我们快。可在全场的节奏上，却好像每个日本队员都能比我们快两步，这样整个日本队就比中国队快了两步……中国队引进外援时多引进前锋，能进球见效快，日本队职业联赛中引进的却是济科等一些宝刀已老的中场大牌明星。这些球星年龄大了，也不可能多进球，但却给日本队员带来良好的战术意识、先进的足球理念、一流的中场组织……

日本足球队能给我们一种什么样的启示呢？那就是：许多时候，我们会有很好的目标和方法，也会去努力学习先进者、成功者的经验、技术，但往往只是大处着眼，而忽略了细节，把一些最基本的东

西置于脑后而去建筑美丽的空中楼阁。

日本队员单拿出来与我们队员拼体能，也许不是我们的对手，可人家在场上每时每刻每个人都始终比我们多跑两步、快了两步；东亚球队都在学习世界强队的战术，可日本队除了这些宏观的东西，每个人的脚下都细致了许多；美国等世界科技强国在高科技等领域绝不含糊，但在低级产品上也绝对是一流水平。说白了，就是每个岗位、每道工艺、每个环节上的人都兢兢业业地做好自己的事，无论高科技、低科技，无论是否是重要工程、国家项目，认真、敬业已是一种骨子里的习惯，每一道细流汇聚起来，就聚成一股领先的潮流。

一个国家也好，一个球队也好，一个人也好，成功的经验有千条万条，但都离不开这一点，大处着眼，小处做起，切实加强自身的修养和素质，克服自身的各种惰性和小毛病。唯有如此，才能具备成功者的基本素质，可以征服各式各样的困难。

不能够正确认识自我的人是虚伪的，他们事事宽容自己，即使自己做错了什么，往往成事不足，败事有余。

我们时常想："平时可以放松一点，到了关键的时刻再发挥好一点不就行了？"我们对自己说："等到真正比赛的时候，我一定会怎样怎样，我一定会如何如何！"

你见过以往中国男子足球队的训练吗？曾经有外籍教练这样评价当时的中国队："这是一支对自己不负责任的队伍。"因为中国国家队的队员在平时训练的时候非常懒散，往往是练一会儿就休息半天。不认真听教练的指导，一个人摆些花架子，尽练些不实用的技术。这种平时懒散的作风已经在队伍里成风。即使是打一些教学比赛，也总是看到国家队的队员无精打采地在场上"走动"，一旦有一个球稍微传得大了一点，就懒得去追。当教练责怪他们的时候，他们常说一句话："这又不是真正的比赛，干嘛那么正式呢？"

不错，这确实不是正式的比赛，但是平时的训练就不重要了吗？养兵千日，用兵一时。如果没有平时兢兢业业的千锤百炼，上了战场怎么能够对抗实力强大的敌人。反观其他足球发达国家的训练，都是高强度、高对抗，尽量能够使每场训练和比赛都符合真实比赛中的状况。

我们私底下的每一次训练和准备都是为我们的成功做准备。成功并非唾手可得，需要我们在成功的过程中抛头颅，洒热血，只有努力努力再努力，才能够获得成功。那些轻视平时比赛、轻视平时训练的人，在比赛真正来临的时候只能是"心比天高，命比纸薄"。

那些在平时训练和准备过程中认真对待的人则相反，由于一直接受了高强度的模拟训练，他们更容易在关键的比赛中在关键的时刻表现出镇定的姿态，因为在他们心中这无异于平时的一场简单的比赛和训练。

平时懒散惯了的人，重要场合让他紧张十分钟他就会难以忍受。相反，如果平时就已经很严格地要求了自己，那么在一些紧要关头，他会比平时更认真。

心灵悄悄话

多角度地研究问题，更容易找到问题的根本所在，更容易去解决问题。也就是说，成功，就要走不寻常的路。这就要求我们不能一味地遵循那些过去的经验，走他人走过的老路。只有独辟蹊径，才能够让自己拥有成功。

第三篇 心动永远不如行动

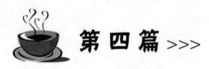

第四篇 >>>

勇于创新　超越平凡

　　一个人只有不断超越自我，才能成为真正的强者，而超越的最高境界是创新。创新意味着冒险，所谓富贵险中求，想别人想不到的，做别人不敢做的，才能得到别人得不到的。以创新求超越，发扬并加强自己的优势，不断地摆脱心灵的羁绊，你就不会湮没在他人的光辉里。

　　创新绝非一劳永逸的事情。今天的创新，很可能成为明天超越的对象。我们决不能抱着原有的"创新"不放，而必须长久而持续地挖掘新的创新点。

创新知多少

说到创新，很多人把它与创造混为一谈，其实，创新与创造是有一定区别的。创造是从无到有，"造"是与"无"相对应的，而创新是从有到优，"新"是与"旧"相对应的。创新强调在已有了很多东西的基础上，求新求优。从某种意义上来讲，创造是创新的原始摹本。

对于社会市场以及企业而言，创新的结果是新产品、新方法、新市场、新原料来源和新的组合。我们总是习惯于从科学技术出发去谈创新，整个认识仅局限于知识论和技能论，结果往往是言之无"物"，总是讲了许多创新，却不知创新产品和市场在哪里，也无法提供实际的服务。由此可见，创新是以市场化和社会化为前提的，必须把握创新思路的折返性特征来理解创新。

与创造和发明相比，创新是更具社会性的东西。创新把发明和创造整合到一种社会机制中去，完成一种社会实现（实现社会效益、经济效益和生态效益）。

创新讲求组合与搭配。创新虽然依赖原创技术、自主产权的发明和基础理论的革新，但重点则在优化组合，突出组合功能。

总之，创新的特点在于它本身是一个完整的流程，而发明创造往往仅是其中的一个环节。

很多人错误地认为，创新不是一般人所能做到的，离普通人很遥远。其实创新是无处不在的。在我们的工作与生活中，往往会遇到各种各样既复杂又棘手的难题。如果我们优柔寡断、犹豫不决，很可能

就会延误时机，铸成大错。这时候，就需要我们开动脑筋，沉着应变，快刀斩乱麻，有破才能有立。就像哥伦布立鸡蛋一样——首先要有创新思维，打破常规思路。

1492 年 10 月，探险家哥伦布发现了美洲新大陆。1493 年初，哥伦布回到西班牙，受到国民的热烈欢迎；国王在王宫里设宴盛情款待他。可是，哥伦布所受到的关注以及他巨大的声望令一些王公大臣和贵族的心中产生了嫉妒之情。宴会上，有人对哥伦布说："你发现了新大陆，可我看不出这有什么值得大惊小怪的。任何一个人都可以去发现，这是再简单不过的事了。"

哥伦布听罢，并没有说什么，起身取来一个鸡蛋，对在座的人说："先生们，你们当中有谁能够把这个鸡蛋立起来？"

在场的很多人都试图把鸡蛋立起来，可是他们谁也没能做到这一点。这时，哥伦布把鸡蛋接过来，轻轻一磕，于是鸡蛋就稳稳地竖立在餐桌上了。接着，他以极平静的语调说："先生们，这是再简单不过的了！任何人都可以做到——只是在有人做了以后。"

中国古代曾有一个与之相类似的"快刀斩乱麻"的故事。

南北朝时，高欢任东魏孝静帝的丞相。有一次，他想试试自己的几个儿子谁更聪明，于是给每人各发乱麻一把，比赛看谁整得最快、最好。

几个儿子整理着乱麻，把乱麻一根根抽出来，然后又一根根理齐，想快也快不了，一个个急得手忙脚乱，大汗淋漓。这时，只见儿子高洋找来一把快刀，连砍数刀，将乱麻斩断，根本不理那些纠缠不清的乱疙瘩，然后第一个报告完成。

高欢问他为何如此整齐，他回答说："乱者必斩！"高欢闻言大喜，认为此儿日后必将出人头地。果然不出所料，高洋后来篡夺了孝静帝的帝位，成为北齐文宣帝。

　　在上述哥伦布巧立鸡蛋和高洋"快刀斩乱麻"的故事中，哥伦布和高洋均利用了逆向思考的创新思维方法，从而有破有立，破旧立新，最终取得了成功。

　　对于一个创业者来说，创新能力是必备的素质，一成不变是企业成长壮大最致命的绊脚石。成功的企业家都是头脑灵活、富于创新精神的人，他们接纳新思想，并且能够洞悉局势之先，及时调整自己的做法。在向市场推出一种新的产品或服务的时候，他们就已经开始致力于新的替代品开发了。当当网的女总裁俞渝在接受采访时说："企业家要有创新精神"，并对中国经济消费提出了自己富有前瞻性的见解，她说："我们的社会意识形态向消费形态转变，如一个普通的学生毕业后进入公司，在从学生到白领，再到普通小资的转变中，他们的消费推动了中国的内需，他们的消费使当当业绩获得了增长。中国的创业机会是良好的创业土壤，但有机会不一定所有的人都会成功。"

　　有人归纳说穷人与富人本质上的区别在思维方法上，比如非常有名的《穷爸爸，富爸爸》这本书里就说，"富人不为钱工作"。此外，网上还充斥着大量的关于穷人与富人的真知灼见，如"穷人只看一寸；富人看一丈""富人允许自己的口袋空，但不允许自己的脑袋空；而穷人允许自己的脑袋空，而不允许自己的口袋空"等。都说明了一点，即财富青睐于那些有着独创思维、视野开阔的人。在这里讲个劝诫的故事，从前有一个富人见到邻居很穷，就起了善心，想帮他致富。富人送他一头牛，嘱他好好开荒，等春天播种，秋天就可以脱贫。没养几天，穷邻居就感到人要吃饭，牛还要吃草，日子更难了，不如把牛卖了买几只羊，先杀一只吃，剩下的还可以生小羊，等小羊长大了拿去卖，可以赚更多的钱。于是，这个穷邻居卖了牛买回几只羊，只是当吃了一只羊以后，小羊迟迟没有生下来，日子又艰难了，忍不住又吃了一只。穷人想："这样下去不得了，不如把羊卖了买成

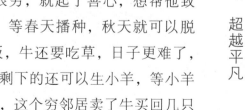

鸡，鸡生蛋的速度要快一些，鸡蛋立刻可以赚钱，日子立刻可以好转。"但是日子依然没有改变，不久又艰难了，又忍不住杀鸡，终于杀到只剩一只鸡时，穷人的理想彻底崩溃了。他想："致富是无望了，还不如把鸡卖了，打一壶酒。"很快春天来了，发善心的富人兴冲冲地送种子来，竟然发现穷邻居正吃着咸菜喝酒。当富人明白为什么穷邻居一直贫穷时，就头也不回地走了。

可见，贫穷与富裕并不是天生注定的，而是思维上的差别。创新性思维是推进财富不断积累的加速器。当机会到来时不能像穷人一样守着只为吃饱穿暖，而要像那些优秀的企业家们一样，依靠创新精神为自己赢得成功。

屈从于现状，受制于环境的人是弱者。总是屈从于情绪、屈从于现状、屈从于命运的人，其才华势必是要被埋没的，因为他不会坚持做自己喜欢的事，坚持做自己认为是正确的事，而这些事往往都潜藏了自己的能力。

与众不同才能脱颖而出

创新应该像刺破黑夜的第一缕阳光一样，光芒万丈、无与伦比。无论是做一名创新型人才，还是要成为一个创新型企业，首先都要学会推销自己，让别人发现你的与众不同。

如果一个企业不能招募和维持一个好的员工队伍，那么这个企业必将陷入困境。所有的企业管理者都时刻准备着发现"千里马"，让他们为自己的事业添砖加瓦。

美国管理之父德鲁克有一句名言说："组织的目的只有一个，就是使平凡的人能够做出不平凡的事。"然而，对于企业决策者来说不可能对每个员工都了如指掌，所以机会往往只垂青那些有着鲜明特色的与众不同者。

美国钢铁大王卡耐基小时候家里很穷。有一天，他放学回家时经过一个工地，看到一位穿着华丽、老板模样的人在那儿指挥工人工作。"请问你们在盖什么？"他走上前去问那位老板模样的人。"要盖个摩天大楼，给我的百货公司和其他公司使用。"那人说道。"我长大后要怎样做才能像你这样？"卡耐基以羡慕的口吻问道。"第一要勤奋工作……""这我早知道了，老生常谈。那第二呢？""买件红衣服穿！"聪明的卡耐基满脸狐疑地问："这……这和成功有关？""有啊！"那人顺手指了指前面的工人说道："你看，他们都是我手下的人，但都穿着清一色的蓝衣服，所以我一个也不认识……"

说完他又特别指向其中一位工人："但你看那个穿红衬衫的工人，

107

我长时间注意到他，他的身手和其他人差不多，但是我认识他，所以过几天我会请他做我的副手。"

这个故事告诉我们，作为一个现代的职员，要学会推销自己。而推销自己其实就是一种创新思维。机遇青睐那些创新者。创新并不像我们想象中的那么困难，也许就是"穿一件红衣裳"那么简单。

日本有一个叫佃光雄的人，曾把一种叫"抱娃"的玩具拿到百货公司去推销，并为此刊登了广告，做了一番宣传。遗憾的是，这种玩具并未因此而畅销，仍然无人问津。百货公司的店员对他说："这种玩具卖不掉。"并要求佃光雄把这些玩具拿回去。佃光雄见此情形，也就只得从百货公司把这种黑皮肤的"抱娃"取回来，堆放在仓库里。

佃光雄的养子是一个爱动脑筋的青年。他注意到，百货公司里有一种身穿游泳衣的女模特模型，女模特模型都有一双雪白的手臂。他想：如果把这种黑色的"抱娃"放在女模特模型雪白的手腕上，那真是黑白分明，格外耀眼，通过这样的鲜明对比，说不定顾客会喜欢"抱娃"呢。

于是佃光雄的养子决定把自己的想法付诸实践。在做了一番说服工作之后，百货公司终于同意让女模特模型手持"抱娃"。

"这个'抱娃'真好看，哪儿有卖的?"原来无人问津的"抱娃"，一时间成了热门的抢手货。

后来，佃光雄的养子又想出了一个办法。他请了几位容貌漂亮、皮肤白皙的女青年，身着夏装，手中各拿一个"抱娃"，在东京繁华热闹的街道上"招摇过市"。这样一来，不仅大量的过往行人被吸引了过来，连新闻记者也纷纷前来采访。第二天，报纸上竞相刊登出照片和报道，东京竟因此而掀起了一股"抱娃"热!

有了好的创意还需要好的营销手段。现在的市场普遍是供大于求的买方市场，市场商品丰富、货源充沛，消费者能够任意挑选商品。卖家之间在产品的花色、品种、服务、价格、促销等方面展开了激烈的竞争。

想要在竞争激烈的市场脱颖而出，依靠的不仅是货好，更在于有效的营销手段。就如佃光雄的养子，他有着创新型的营销头脑，通过一系列手段将滞销的"抱娃"从一大堆的同类产品中脱颖而出。

7 - ELEVEN 就是一家运用创新思维，整合所有可能的资源，打造独有特点的便利店。

7 - ELEVEN 是一家大型的便利店连锁企业，在全世界的连锁店达 24000 家之多。从茶叶蛋到啤酒、水、面包，甚至手表等物品，在 7 - ELEVEN 都可以买到。

现在它又添加了新业务——帮客户代交电话费、为自来水公司代收水费、为电力公司代收电费、为煤气公司代收煤气费、为邮局代收邮件，甚至为网上商店代送商品等，结果不仅增加了利润，而且与社区居民的关系更为密切了。

为了与麦当劳抗衡，它还开始卖汉堡，宣称其优势有两个：一是价格比麦当劳便宜一半，二是消费者在全天 24 小时都能买到。

最近 7 - ELEVEN 又与星巴克合作，这意味着，如果想要喝星巴克咖啡，不再需要跑到很远的星巴克了，也许在附近的 7 - ELEVEN 就可以喝到。

7 - ELEVEN 的成功在于采用了创新思维，与其他单纯的销售小商品的便利店不同。7 - ELEVEN 能够从消费者的角度考虑问题，整合资源，将"便利"的原则发挥到极致，不仅为顾客提供食品、日用品，还提供了各种便民的交费业务等，成为社区的一个有机的组成部分。

自强

宝剑锋从磨砺出

这个成功案例告诉我们，只有做出与别人不一样的东西，做出差异和特色，才能够引起顾客的注意。

其实，做任何工作都是这样。如果别人做什么，你也做什么，别人做多少，你也做多少，一味地随波逐流，步人后尘，是不能从众多员工中凸显出来的，只有努力创新，独具特色，才能备受关注。

在现实生活中，每个人都或多或少地存在着这样那样的缺陷。当承认了这个缺陷并努力去战胜它而不是去屈从它的时候，就已经获得了成功。

细节创新决定成败

这是一个讲究细节的时代，满足于和别人一样好，没有竭力超越别人、争创一流的意识，很难从强手如林的角逐中胜出，而细节处的创新常常是决定成败的关键。

泰国的东方饭店堪称亚洲之最，不提前一个月预订是很难有入住机会的，而且客人大都来自西方发达国家。东方饭店的经营如此成功，他们有什么秘诀吗？一位郭先生入住东方饭店的亲身经历可以为我们回答这个问题。

郭先生因为生意上的需要经常到泰国去。第一次下榻东方饭店感觉就很不错。这第二次再入住时，他对饭店的好感便迅速升级了。

那天早上，他走出客房去餐厅时，楼层服务生恭敬地问道："郭先生是要用早餐吗？"他很奇怪，便反问道："你怎么知道我姓郭？"服务生说："我们饭店规定，晚上要背熟所有客人的姓名。"这令郭先生大吃一惊，因为他住过世界各地许多的高级酒店，但这种情况还是第一次碰到。随后，郭先生走进餐厅，服务小姐微笑着问："郭先生还是要老位子吗？"郭先生更是惊讶了，心想尽管不是第一次在这里吃饭，但最近一次也隔了有一年多了，难道这里的服务小姐记忆力这么好？看到他惊讶的表情，服务小姐主动解释说："我刚刚查过电脑记录，您在去年的6月8号在靠近第二个窗口的位子用过早餐。"郭先生听后才明白，忙说："老位子！老位子！"小姐接着问："老菜单，一个三明治、一杯咖啡、一个鸡蛋？"郭先生已不再惊讶了："老

菜单，就要老菜单！"

　　郭先生就餐时指着餐厅赠送的一碟小菜问道："这是什么？"服务生后退了两步才说："这是我们店的特色小菜。"经过询问，郭先生才知道服务生后退两步是怕自己说话时唾沫会落到客人的食物上，这种细致的服务不要说在一般的酒店，就是在美国最好的饭店里郭先生都没见过。后来，郭先生有两年没有再到泰国去。可在他生日这天，他突然收到了一封东方饭店发来的贺卡，并附了一封信，信上说东方饭店的全体员工十分想念他，希望能再次见到他。郭先生当时激动得热泪盈眶，发誓再到泰国时，一定要住东方饭店，并且说服他的所有朋友都像他一样选择东方饭店。

　　其实东方饭店在经营上没有什么新招、高招，只是传统的办法——提供人性化的优质服务。只不过，它是在别人仅达到规定的服务水准之上更进了一步，在细节处创新，把人性化服务延伸到方方面面，落实到每个细节中去。因此赢得了顾客的心，当之无愧地在激烈的竞争中夺魁。

　　从这个故事中我们得到的启示是：要想获得成功，凡事都要比别人多做一点。细节时代已经到来，那些质量粗糙的产品和服务再也不能像以前一样畅通无阻了。只满足于和别人做得一样好，没有争创一流的创新精神，很难在强手如林的角逐中胜出。

　　管理大师彼得·德鲁克说："行之有效的创新在一开始可能并不起眼。"而这不起眼的细节，往往就会成就创新的灵感，从而让一件简单的事物有了一次超常规的突破。德鲁克认为，创新不是那种浮夸的东西，它要做的只是某件具体的事。企业要真正达到推陈出新、革故鼎新的目的，就必须做好"成也细节，败也细节"的思想准备。否则，所谓的创新只能是一句空话。所以，创新不一定是"以大为美"，但却绝不能对企业活动中的既不相同却又相互关联的每一个细节掉以轻心。

微软作为世界著名的大公司，从比尔·盖茨最初创业开始，就一直很注重细节之处的创新，直到现在，仍然处于领先地位。

在新经济时代，一批批新生代企业不断涌现，其"新陈代谢"的速度实在是惊人。或许昨天还是行业领袖，今天就有可能沦落谷底。

在这个大浪淘沙、适者生存的新经济浪潮中，唯一不变的便是创新。而其中，细节创新往往就决定着成败，因此我们要时时刻刻地想着"我如何跟别人不一样，并且比他更好"，而不是"我如何与别人一样好"。

比尔·盖茨所强调的正是这种思想。

在微软公司从事的软件行业中，这个规律依然存在并发挥着作用。在微软公司源源不断的科研投入下，那些极富想象力的潜藏于细节之中的新创意接踵而来，其中包括：以互联网为基础的电视会议系统、语音识别和面孔识别技术、重要的数据采集技术等。

比尔·盖茨说："我们相信人的潜力是无限的，因为我们认为人类的想象力是没有穷尽的。这不仅成为我们不断开发软件产品的原动力，更成为我们开展所有业务的动力。"

在微软公司特有的企业文化中，崇尚个性、崇尚自由，没有让员工整齐划一的规矩，给员工创造了一个充分发挥个人想象力的空间。在这样一个创新的氛围中，微软公司迎来了技术和产品上的创新大浪潮。正是这种在细节之处的不断摸索、不断改进，使得微软公司的创新之路常走常新。

心灵悄悄话

叹息的杯盏里只有消沉的苦酒，而自信的乐谱中才有奋发的音符。自卑者，只能成为生活的奴隶；而自信者，才能成为生活的主人！

第四篇 勇于创新 超越平凡

创新是一种习惯

创新绝非一劳永逸的事情。今天的创新，很可能就会成为明天超越的对象，我们决不能抱着原有的"创新"不放，而必须长久而持续地挖掘新的创新点。

亚马逊的总裁贝索斯说："没有一项科技能够保持永久的领先地位，同样没有一项创新可以使你保持永久的优势。"

从根本上来说，人类总是喜欢新奇的东西。只有创新，才能吸引人。持续创新不仅是一种策略，也是一种基本需要。

世界上很多大型企业的成就就是来自持续不断地创新，韩国的三星公司就是其中的一员。

提到三星公司，你可能会立即想到三星的电子产品，其实三星电子公司只是三星公司的一个子公司。而且最初三星公司的产品跟电子产品根本没有任何关系。

1938 年，三星公司成立时只是将朝鲜半岛出产的干鱼、蔬菜和水果出口到中国东北地区和北京市场。后来，它又建厂开始了面粉及糖的生产和销售。1945 年，朝鲜半岛摆脱了日本的统治，但是三星公司的经济环境仍不稳定，随后爆发的朝鲜战争更给朝鲜半岛的经济发展造成严重的影响。此时，三星公司将它的宏伟蓝图定为重建朝鲜半岛的经济。1951 年 1 月，三星公司迈出了第一步，改变了原有的产品结构，进入了制造业。他们开始用国内生产的产品代替进口产品，为三星公司寻求新的出路，也适应了当时国内对于工业产品的需求。

在经历了 1960 年的革命和随后的军事政变以后，三星公司作为新兴的财团，逐渐扩大了经营领域，决定在未来进入五个战略性的关键领域——电子、化工、重工业、造船和航空，并成立了五个相应领域的公司。1969 年在公司市场结构转轨的过程中，三星公司创立了三星电子公司。其董事长李秉哲认为：电子业是一个技术密集型行业，且是需要专业人才的高附加值工业，在国内及国外的发展潜力都很大。这次具有划时代意义的创新产品结构转型为三星公司的发展注入了新的活力，使其具有巨大的市场潜力。起初，三星公司的目标是对主要电子产品进行大规模的生产。为了达到这个目标，他们开始生产仿造产品，许多都是以日本的产品为基础。

1970 年，三星电子与日本制造商三洋公司合作生产了它的第一批黑白电视机。1971 年，三星公司开始转向国内市场独自生产，并于 1972 年开始出口产品。随着引进第一台彩色电视机的生产，1978 年三星公司的出口额突破 1 亿美元，成为世界上最大的彩色电视机制造商。虽然已经取得了不小的成绩，但是三星公司并不满足于替别人加工产品的境地。20 世纪 80 年代，三星电子公司在美国圣塔卡拉和日本东京设立了研究开发中心，凭借着所开发的 16M DRAM 芯片，使三星公司在世界半导体制造商中排名第 13 位。

1993 年，刚刚进入手机市场没多久的三星公司，年销售额就达到了 400 亿美元。

在进行了几年技术模仿后，三星公司的董事长李健熙意识到：

公司进步的唯一途径是从技术的跟随者上升为技术的领导者，而只有通过在所从事的每个领域内都进行不断的创新才能够做到。而且今天的创新，很可能成为明天超越的对象。要想获得持续长久的成功，除了具备现有在半导体技术、机械、精加工和大规模生产所具有的优势以外，企业还必须具备品牌影响力、物流和知识产权管理的能力。而具备这些因素最为关键的是，它必须"在工作方法和思维方式上进行创新"。为此，三星电子公司必须"以顾客和市场为导向，开

发和积累新技术"，它只有恪守"处处创新，时时创新"的创新理念，才有可能成为世界第一，成为领导变革和创新的领先企业。

1993年，三星公司设计了新的企业标识和新的经营策略，后者意在总结过去的经验和教训，回顾它是怎样一步步走向世界的。三星公司开始追求全面的质量驱动和最佳的战略。

随后的7年中，三星公司果然从质量的竞争者转变成了拥有大量技术的领导者。它随后生产的所有产品总是在某一方面具有创新意义，并且处于世界的领先地位。

三星公司把创新当成永久策略，在发展中集聚了公司的实力，扩大了公司对风险的承受力，成功地渡过了1997年的经济危机，让三星公司成为此行业中的全球"发动机"。

三星公司在《财富》排行榜上的位置由2000年的第139位在2005年飙升到第39位。

现如今，三星公司继续谱写着一曲曲创新的宏伟乐章，并且努力让创新作为公司成长的主要手段和不断完善的驱动力。

我们从三星公司的发展之中可以很清楚地看到，创新绝非一劳永逸的事情。今天的创新，很可能就会成为明天超越的对象，我们决不能抱着原有的"创新"不放，而必须长久而持续地挖掘新的创新点。

心灵悄悄话

一个仅仅跟着别人走的人，不会去探索什么东西，也寻找不到什么东西。要想取得真正的成功，就要学会创新。只有这样，才能在事业上真正的更上一层楼。

能不能做事关键在创新

做出一番大事业并不容易，但却不是不可能的，我们每一个人都具有这种能力，关键就在于你是否敢去创新，你是否具有一种创新精神。

现实社会中，因创新而做出一番大事业的人简直不胜枚举。

法国美容品制造师伊夫·洛列是靠经营花卉发家的。

伊夫·洛列从 1960 年开始生产美容品，到 1985 年，他已拥有 960 家分号，他的企业在全世界星罗棋布。

伊夫·洛列生意兴旺，财源茂盛，摘取了美容品和护肤品的桂冠。他的企业是唯一使法国最大的化妆品公司"劳雷阿尔"惶惶不可终日的竞争对手。

这一切成就，伊夫·洛列是悄无声息地取得的，在发展阶段几乎未曾引起竞争者的警觉。

这有赖于他的创新精神。

1958 年，伊夫·洛列从一位年迈女医师那里得到了一种专治痔疮的特效药膏秘方。这个秘方令他产生了浓厚的兴趣，于是，他根据这个药方，研制出一种植物香脂，并开始挨门挨户地去推销这种产品。

有一天，洛列灵机一动，何不在《这儿是巴黎》杂志上刊登一则商品广告呢？如果在广告上附上邮购优惠单，说不定会有效地促销产品。

这一大胆尝试让洛列获得了意想不到的成功。当他的朋友还在为

巨额广告投资惴惴不安时，他的产品却开始在巴黎畅销起来，原以为会泥牛入海的广告费用与其获得利润相比，显得轻如鸿毛。

当时，人们认为用植物和花卉制造的美容品毫无前途，几乎没有人愿意在这方面投入资金，而洛列却反其道而行之，对此产生了一种奇特的迷恋之情。

1960年，洛列开始小批量地生产美容霜；他独创的邮购销售方式又让他获得巨大成功。在极短的时间内，洛列通过这种销售方式，顺利地推销了70多万瓶美容品。

如果说用植物制造美容品是洛列的一种尝试，那么，采用邮购的销售方式，则是他的一个创举。

时至今日，邮购商品已不足为奇了，但在当时，这却是行之所未行的。

1969年，洛列创办了他的第一家工厂，并在巴黎的奥斯曼大街开设了他的第一家商店，开始大量生产和销售美容品。

洛列对他的职员说："我们的每一位女顾客都是王后，她们应该获得像王后那样的服务。"

为了达到这个宗旨，他打破销售学的一切常规，采用了邮售化妆品的方式。

公司收到邮购单后，几天之内即把商品邮给买主，同时赠送一件礼品和一封建议信，并附带制造商和蔼可亲的笑容。

邮购几乎占了洛列全部营业额的50%。

洛列邮购手续简单，顾客只需寄上地址便可加入"洛列美容俱乐部"，并很快收到样品、价格表和使用说明书。

这种经营方式对那些工作繁忙或离商业区较远的妇女来说无疑是非常理想的。如今，通过邮购方式从洛列俱乐部获取口红、描眉膏、唇膏、洗澡香波和美容护肤霜的妇女已达6亿人次。

这种优质服务给公司带来了丰硕成果。公司每年寄出邮包达99万件，相当于每天3000~5000件。1985年，公司的销售额和利润增长 30%，营业额超过 25 亿元，国外的销售额超过法国境内的销售额。

如今，伊夫·洛列已经拥有 400 余种美容系列产品和 800 万名忠实的女顾客。

洛列的经历正好证实了金克拉的话："如果你想迅速致富，那么你最好去找一条捷径，不要在摩肩接踵的人流中去拥挤。"

 灵悄悄话

在摩肩接踵中举步维艰地发展，不如走一条尚没有人走过的路，迅速崛起，这就需要你具备一定的创新精神。这便是能做事和不能做事的人的最大区别。

第四篇　勇于创新　超越平凡

别出心裁，勇于创新

　　著名的化学家罗勃·梭特曼发现了带离子的糖分子对离子进入人体是很重要的。他想了很多方法来证明，都没有成功，直到有一天，他突然想起不从无机化学的观点去研究，而从有机化学的观点来看这个问题，才突破了束缚，取得了成功。

　　当然，作为在平凡生活中追求梦想的普通人，换一种方法想问题所取得的成效，不亚于科学家的新发现。

　　山姆是一家大公司的高级主管，他面临一个两难的境地。一方面，他非常喜欢自己的工作，也很喜欢跟随工作而来的丰厚薪水——他的位置使他的薪水有只增不减的特点。但是，另一方面，他非常讨厌他的上司，经过多年的忍受，最近他发觉已经到了忍无可忍的地步。在经过慎重思考之后，他决定去猎头公司重新谋一个职位。猎头公司告诉他，以他的条件，再找一个类似的职位并不费劲。

　　回到家中，山姆把这一切告诉了妻子。他的妻子是一个教师。那天刚刚教学生如何重新看待问题，也就是把正在面对的问题完全颠倒过来看——不仅要跟你以往看这个问题的角度不同，也要和其他人看这个问题的角度不同。她把上课的内容讲给了山姆，这使山姆得到了启发，一个大胆的创意在他脑中浮现。

　　第二天，他又来到猎头公司，这次他是请公司替他的上司找工作。不久，他的上司接到了猎头公司打来的电话，请他去别的公司高就。尽管他完全不知道这是下属和猎头公司共同努力的结果，但正好这位上司对于自己目前的工作也厌倦了，所以没有考虑多久，就接受了这份新工作。

这件事最美妙的地方，就在于上司接受了新的工作，结果他目前的位置空出来了。山姆申请了这个位置，于是坐上了以前他上司的位置。

这是一个真实的故事。在这个故事中，山姆本意是想替自己找个新的工作，以躲开令自己讨厌的上司。但他的太太教他换一种方法想问题，就是替他的上司而不是他自己找一份新的工作，结果，他不仅仍然干着自己喜欢的工作，而且摆脱了令自己烦心的上司，还得到了意外的升迁。

一些专家在研究汽车的安全系统如何更好地保护乘客在撞车时不受到伤害时，最终也是得益于换一种方法解决问题。

他们想要解决的问题是，在汽车发生碰撞时如何防止乘客在车内移动，因为这种移动造成的伤害常常是致命的。在种种尝试均告失败后，他们想到了一个有创意的解决方法，就是不再去想如何使乘客绑在车上不动，而是去想如何设计车子的内部，使人在车祸发生时，最大限度地减少伤害。结果，他们不仅成功地解决了问题，而且开启了汽车内部设计的新时尚。

在现实生活中，当人们解决问题时，时常会遇到"瓶颈"，这是由于人们看问题只停留在同一角度造成的，如果能换一换视角，也就是换一种方法考虑问题，也许情况就会有所改观。

我国著名品牌空调——格力空调的诸多品种中有一种"灯箱柜机空调"。它的发明过程也是很偶然的。

1995 年，格力公司的朱江洪在美国考察，无意中看到了可口可乐售货机的颜色很艳丽，脑海里一下子出现灵感，"格力"因而就设计出了一个获得专利的新产品"灯箱柜机空调"。

这种空调一扫几十年来的"空调冷面孔"：柜面上风景如画，"瓜果飘香"，在原来的使用价值中又增加了几分美感。

朱江洪的这一"美国情缘"，就让空调的"脸"发生了变化，格力的彩面柜机空调比市场上同类产品价值高出 300 多元。这种空调在国内外市场都很畅销，而且因为拥有自己的知识产权，没有竞争对手，一举成为该公司上百款空调中利润率最高的。

心灵悄悄话

一个有雄心的成大事者，必须从创新入手，从创新走向成功。创新是开创事业的原动力。唯有创新才能战胜自我，才能脱颖而出。

求变求新，求新求美

　　无中生有，是指"无风起浪，惹是生非"，或"造谣生事，兴风作浪"，是一种唯恐天下不乱的心理。但是从计谋或计策的观点看，"无中生有"则是"创造力的发挥"，它的意义是积极的、正面的，它的用途是繁多的、无限的。

　　怎样才能使机洗后的衣服不粘上小棉团之类的东西？这曾经是一个让科技人员棘手的难题。这样的难题却被一位有创新意识的日本妇女给攻克了。

　　这位日本的家庭妇女在遇到这个问题时，不是埋怨、发牢骚，而是去探索解决问题的办法。有一天，她突然想起年少时在山冈上捕捉蜻蜓的情景，并且把它与当前洗衣机需要解决的问题联系起来。她想，小网可以网住蜻蜓，那在洗衣机中放一个小网是不是也可以网住小棉团之类的小杂物呢？当时许多科技人员都认为，这个想法未免把科技问题想得太简单了。但这位家庭妇女却没管这些，她利用空闲时间动手做起她所设想的小网来。3年间，她做了一个又一个的小网。反复地研究试验，终于获得了满意的效果。小网挂在洗衣机内，由于洗衣机里的水使衣服和小网兜不停地转动，小棉团之类的杂物就会自然地被清除干净，这样的小网兜构造简单，使用方便，成本低廉，而且一个可以使用许多次，大受顾客的欢迎。因此这名妇女获得了高达1.5亿日元的专利费。

第四篇　勇于创新　超越平凡

由此可见，只要方法正确，"无中生有"也能助你成功。

生活中这种无中生有的创新例子有很多，这些小创新确实很普通，普通得使人常常难以注意到它们的存在。

创可贴的发明者是埃尔·迪克森。他在生产外科手术绷带的工厂工作。20世纪初，他刚刚结婚，他的太太常常在做饭时将手弄破。迪克森先生总是能够很快为她包扎好，但他想要是有一种自己就能包扎的绷带，在太太受伤而无人在家的时候，就不用担心她自己包扎不了了。于是，他把纱布和绷带做在一起，这样就能用一只手包扎伤口。他拿了一条纱布摆在桌子上，在上面涂上胶，然后把另一条纱布折成纱布垫，放到绷带的中间。但是有个问题，做这种绷带要用不卷起来的胶布带，而黏胶暴露在空气中的时间长了表面就会干。后来他发现，一种粗硬纱布能很好地解决这个问题，于是创可贴便问世了。创可贴是迪克森先生出于对妻子的爱而发明的一种小东西，这种小东西却为公司赚了大钱。我们只粗略估计一下它在中国的使用情况，就可以想象它为公司赚了多少钱。

创意，要求你独具匠心地"悟"，别出心裁地"悟"，独树一帜地"悟"，推陈出新地"悟"。"悟"出超越自己、超越他人的东西，"悟"出自己没有、他人也没有的东西。

创新出新路，不创新就有可能走入死胡同。只凭一招鲜吃遍天下的时代已经一去不复返了，无论是工作还是做生意如果能多用一些出其不意的妙招，往往会收到神奇的效果。

善于创新才能柳暗花明

纷扰繁复的现实生活中，处处存在着机会。而要觅得机会，把握机会，就必须勤于思考，把所闻所见不断地与自身实际结合起来，进行分析、判断，得出结论，只有这样才能抓住稍纵即逝的机会。

一天夜里，一场雷电引发的火灾烧毁了美丽的"万木庄园"；这座庄园的主人威廉·维尔陷入了一筹莫展的境地。面对如此大的打击，他痛苦万分，闭门不出，茶饭不思。

一个多月过去了，年已古稀的外祖母见他还深陷在悲痛之中无法自拔，就意味深长地对他说："孩子，庄园成了废墟并不可怕，可怕的是你不动动脑筋去思考怎样改变这种状况。"

威廉·维尔在外祖母的劝说下，决定出去转转。他一个人走出家门，漫无目的地闲逛。在一条街道的拐弯处，他看到一家店铺门前人头攒动，原来是一些家庭主妇正在排队购买木炭。那一块块躺在纸箱里的木炭让威廉·维尔眼睛一亮，他看到了希望，急忙兴冲冲地向家中走去。

在接下来的两个星期里，威廉·维尔雇了几名烧炭工，将庄园里烧焦的树木加工成优质的木炭，然后送到集市上的木炭经销店里。

很快，木炭就被抢购一空，威廉·维尔因此得到了一笔不菲的收入。他用这笔收入购买了一大批新树苗。几年以后，"万木庄园"再度变得绿意盎然。

自强

成功的每一个进步、每一个行动都离不开思考，善于思考的人才能从平凡中发现机会，从绝望中看到希望，从而创造出一片广阔的天地。

鲁班是我国建筑业的鼻祖。他发明了许多方便实用的工具，锯子就是其中之一。锯子的发明源于他的善于思考。

鲁班作为一个工匠，经常到山上去寻找木材。路上，他看到工人们一斧头一斧头大汗淋漓地砍着树，觉得他们实在太辛苦了。于是他就想，能不能发明个什么东西代替斧头，让砍树更省劲呢？这个念头一直在他的脑中盘旋着。

一天，鲁班又出门上山去。在爬一段比较陡峭的山路时，他滑了一下。他急忙伸手抓住路旁的一丛茅草，忽然他觉得手指被什么东西划破了，抬手一看，鲜血都渗出来了。他俯身凑到茅草跟前仔细观察，只见茅草的边上有一排细细的利齿，正是这些玩意儿把他的手指划破了。突然间，鲁班脑中灵光一闪，他一下子联想到了这些天来自己一直费神思索找个什么东西代替斧头砍伐树木的事。他想，这么细小的茅草都能将皮肉划破，那么应该也有东西能将树木轻易砍倒。

鲁班兴致一来，便忘了疼痛，又扯起一把茅草细细端详，他用草边在手背上轻轻一划，手背居然割开了一道口子。鲁班若有所思地站了起来，他想，我何不让铁匠打制一些边上有细齿的铁条，放在树上来回拉动？

根据这一想法，鲁班制成了第一批锯条。经过试用，果然比斧头省事多了。到现在，木工们仍在用着鲁班发明的锯子。

人的每一种行为，每一种进步，都与自己的思维能力息息相关。离开了思维，人就什么事情也办不成。既然我们被自然赋予"思维"这样神奇的力量，就应该积极开发我们的大脑。脑子是越用越灵的，我们每一次的思维都是在给脑子加油，经过润滑的大脑才能更加适应自然的变化，人也才会具有更强大的生存本领。

为什么有的人成就了伟业，有的人却碌碌无为一辈子？其实，成功的机会无处不在，只是她更青睐善于思考的人。别人成功了，我们却没有，并不是别人运气好，而是他们善于思考，对这个世界多了份观察，对自己的生活多了份思考。就像有人说的：这个世界不缺少能干活的人，缺少的是会思考的人。

所有的计划、目标和成就，都是思考的产物。当然，成功也不是胡思乱想就能得到的。真正的思考不是一件很容易的事，它需要大量调查研究，掌握第一手资料；需要坚持不懈地总结积累经验、博览群书不断"充电"；需要耐得住寂寞，于"闹"中守静；需要放弃安逸的念头，牺牲娱乐时间……另外，思考也贵在"恒"，贵在"勤"，要多思考，常思考，勤思考。只有经历一番"痛苦"之后，才能在某一刻顿悟，品得甜美的果实。

其实人与人之间，谁比谁聪明、谁比谁幸运并没有太大的差距，最大的差距在于谁思考得多、思考得深、思考得对。因此，我们在生活中要善于思考，遇到事情要勤于思考，对于一些别人解决不了的问题，我们可以换个思路去解决；对于别人想不到的事情，我们要努力想到并实现。"只有想不到，没有做不到"。这句稍显夸张的话，从某种角度讲，是有一定道理的。善于思考的人是永远不会被困难阻挡的，即使前面荆棘丛生，他们也能披荆斩棘，奋勇直前。

第四篇　勇于创新　超越平凡

心灵悄悄话

人的发展永远都离不开机会和思考，要想自己能够把握机会、迎合机会、创造机会，那么我们就必须不停地开动脑筋，运用智慧，勤于思考，否则就有可能被时代淘汰。

生命因灵机一动而改变

现实生活中，我们常常会面临来自各方面的压力，求学，找工作，还要处理复杂的人际关系，等等。面对看似复杂的压力，我们必须找到一条适合自己生存的路，改变自己的生活方式与生命状态。虽然很多有识之士早已认识到这一点，并在工作生活中不断地提高自己，锻炼自己，为自己的人生与事业积累财富。但真正有所成就的人毕竟是少数，因为不是每一个人都会有灵活、辩证的思路。

我们需要一种比较清晰的思路，找到那条最短最简单的成功之路，做到"山重水复疑无路，柳暗花明又一村"。

19世纪中叶，美国加州出现一股寻金热，许多人都怀着发财梦争相前往。一个17岁的小农夫亚默尔也想去碰碰运气，然而，他却穷得连船票都买不起，只好跟着大篷车，一路风餐露宿赶往加州。

到了当地，他发现矿山里气候干燥，水源奇缺，而这些寻找金子的人，最痛苦的事情便是没水喝。许多人一边寻找金矿，一边抱怨："要是有人给我一壶凉水，我宁愿给他一块金币！"也有人说："谁要是让我痛痛快快地喝一顿，我出两块金币也行。"

这些牢骚，居然给了亚默尔一个灵感。他想："如果卖水给这些人喝，也许会比找金矿赚钱更容易。"

于是，他毅然放弃挖金矿的梦想，转而开凿渠道、引进河水，并且将引来的水过滤，变成清凉解渴的饮用水。他将这些水全装进桶里或水壶里，卖给寻找金矿的人们。

一开始，有许多人都嘲笑他："不挖金子赚大钱，却要做这些蝇头小利的事情，那你又何必离乡背井跑到加州来呢？"

　　对于这些嘲笑，亚默尔毫不为之所动，他专心地贩卖他的饮用水，没想到短短的几天，他便赚了6000美元，这个数目在当时是非常可观的。

　　在许多人因为找不到金矿而在异乡忍饥挨饿时，发现商机而且善加运用的亚默尔却已经成了一个小富翁。

　　"凡事第一个去做的人是天才，第二个去做的人是庸才，第三个去做的人是蠢才。"但是，我们偏偏看到，有的人即使编号是第一千万个，即使挤破头也改不了一窝蜂的本性。想成功就应该出奇制胜，用自己独到的眼光去发现别人未做过的事，这才是大智大勇者所为，也是成功的快捷方式。

　　欧洲某地一家书店有三种书积压非常多，再不卖出就会造成很大的损失，于是书店老板决定低价出售，能赚多少是多少。

　　而就在老板决定低价出售之时，有位员工提出了一个意想不到的建议，将此书赠给总统一本。几天之后，书店便派人访问总统："看了有何感受？"总统因忙于公务根本没有时间看书，只得礼节性地回答了一句："此书不错。"书店如获至宝，立刻打出"总统最喜欢看的书"的牌子，很快这本书就被抢购一空。

　　不久，这家书店又如法炮制，把第二本书赠给总统，总统听说上次被人利用，这次非常气愤地说："此书糟透啦！"没想到这比上次更称奇，人们蜂拥抢购，都想看看"总统最讨厌的书"究竟有多糟糕。

　　当书店将第三本卖不出去的书拿到总统面前时，这次总统一句话都不想说。谁知这又成了最成功的广告——"总统都说不出评语的书！"就这样，多年积压的书全部都顺利兑换成了钞票。

第四篇　勇于创新　超越平凡

自 强

这个故事是否真实并不重要，把它看成是一则寓言也没有什么不可。重要的是它能让我们从中得到一些启示："山重水复疑无路"与"柳暗花明又一村"在多数时候总是形影不离。

由淘金矿转为卖清凉的饮用水，由低价售书变成售畅销书，四两拨千斤，灵机一动其实也是一种思路的转变。在很多时候，成功与失败之间只隔一步之遥，甚至是一纸之隔。只是这"一步"或"一纸"不一定在你的正前方，它可能在你的左边，也可能在你的右边，还有可能在你的身后——这时不妨蓦然左顾、蓦然右盼、蓦然回首一下，说不定转机就在这一刹那。

在工作与学习过程中，培养积极思考的能力是十分重要的。只有善于思考，激发自己的灵感，才会创造精彩，获取成功。不善于思考，只会养成做任何事情都不加思考就发表看法的习惯，得出的结论往往是不科学的或不成立的。遇到一些疑点或挫折，不要灰心丧气或急得抓狂。要善于逆向思考，从已知事物的相反方向进行思考，多问几个"为什么"，反复推敲，分析综合，通过自我启发，换个角度去想问题，而不去钻牛角尖。

总之，不要把自己的思维禁锢在一个狭小的空间里，也不要把自己的眼光固定在一个角度和方向上。学会思考，学会变换角度，当你的目光环顾周围的时候，你就会发现更大的视野，找到更好的方法，从而走出困境，走向成功。

在很多时候，成功与失败之间只有一步之遥，甚至是一纸之隔。这时不妨让你的思路左顾右盼一下，或许就在你不经意回首的一刹那，转机就会出现。

独辟蹊径，才能拥有成功

有一家大型广告公司招聘高级广告设计师。面试的题目是要求每个应聘者在一张白纸上设计出一个自己认为最好的方案，不限制主题和内容，然后把自己的方案扔到窗外。如果谁的方案最先设计完成，并且第一个被路人拾起来看，那么谁就会被录用。

应聘者们开始了忙碌的"答题"，他们竭尽全力地设计着精美的图案，甚至有的人画出诱人的裸体美女来。

就在别人手忙脚乱的时候，只有一个应试者非常迅速、非常从容地把自己的方案扔到了窗外，并引起过路人的哄抢。

他的方案是什么呢？原来，他只是在那张白纸上贴了一张面值100美元的钞票，其他的什么也没画。就在其他人还疲于奔命的时候，他就已经稳坐钓鱼台了。

这就是独特创意的威力！

《战国策·韩公仲》有则独辟蹊径的故事颇让人回味。

公元前293年，秦国与齐国连横之后，向韩、魏两国发动了大规模的军事进攻。韩、魏两国虽然面临共同的威胁，但它们之间却貌合神离，互相之间并不信任。不但不愿意真诚合作，而且还互相推诿，谁都不愿意打先锋，结果两国连连吃败仗。后来魏国为了自身的利益，企图将韩国抛在一边，单独同秦国议和。这样一来，形势马上变得对韩国十分不利。

第四篇　勇于创新　超越平凡

这时有很多人都进言，也像魏国一样同秦议和。而一位谋士却对韩相公仲说："双胞胎的长相非常相似，只有他们的母亲才能分辨清楚；而利与害就是一对双胞胎，在表面上也很相似，只有明智的人才能分辨清楚，看透它们的本质。韩国目前正面临着利与害相似的情形，也需要由明智的人把它们分辨清楚。如果能采取正确的处理方法，就能尊卑有序、各安其分，否则就会败坏纲常、带来祸患。如果秦魏联盟不是您促成的，韩国就面临遭到秦魏图谋的危险；如果韩国追随魏国去讨好秦国，那样韩国将依附于魏国并遭到轻视，韩国国君在诸侯中的地位就降低了。那时候，秦王就要把他宠信的人安插到韩国做官，这样您的处境就危险了。"

谋士层层递进地分析引申出如何判断当时的政治局势后，又说："从目前的形势分析，你不如主动去撮合秦、魏进行和谈。两国和谈成功与否，对于韩国都会很有利。若和谈成功，是你穿针引线撮合而成，韩国就成了秦魏联合的门户，既可以受到魏国的推崇，也可以得到秦国的友善。再说，秦魏不可能永远互相信任，秦国会因为得不到魏国的援助而发怒，一定会亲近韩国而远离魏国。魏国也不会永远服从于秦国，一定将设法亲近韩国而防备秦国。这样您就可以像选择布匹随意剪裁一样轻松。由此可见，如果秦魏联合，它们都会感谢您；如果秦魏分裂，两国又都会争取您。这样做，进退对韩都非常有利。希望您能下定决心。"

从中可以看出，这个谋士不只是站在韩国的角度看待问题，而且是从全局观察，从而得出化被动为主动的办法——主动撮合秦魏和解，同时取信于两国，而使整个局面向着有利于韩国的方向转化。

这就是从多角度考虑问题、独辟蹊径灵活应变的一种表现。这样的例子其实很多，在智利首都圣地亚哥的埃尔科兹酒店就上演了这样的一幕。

当时，埃尔科兹酒店的电梯装载量不够。酒店召集了一些专家和工程师来讨论，看怎么解决这个问题。结果大家意见一致：多装一部电梯。但是这需要从底层起，每层楼都进入施工。正在工程师和建筑师们在激烈讨论安装事宜的时候，一位正在拖地的清洁工人听他们说要给每个楼层打洞，就说："那这里就会乱成一锅粥了，还怎么营业啊?"

"当然，不过我们会处理好的。"一个工程师说。

另一个人说："如果要考虑它的未来，而不至于影响营业的话，我们也只能这么做了，因为不装一部电梯不行啊。"

清洁工人拄着拖把，看着他们："你猜如果让我来干的话，我会怎么干?"

一位建筑师好奇地问："如果让你来干的话，你会怎么办?"

清洁工人道："我会把电梯安装在酒店的外面。"一句话说得建筑师和工程师们面面相觑。

后来，他们真的把电梯装在了酒店的外面。这是建筑史上的第一次建筑革命。

现实中，人们在处理问题时往往会被固有的常识给困住，思维都在一个圈圈里打转，谁能突破这个桎梏，看到问题的另一个层面，谁就可获得思维上的升华。为人处世也是一样，不要总是依照旧俗常规来做事，偶尔另辟蹊径也会有惊喜。

心灵悄悄话

事物的发展都不是孤立的、片面的，换一个角度看待问题可能就会产生截然不同的感受。而善于为人处世的人，往往都能从多个角度去分析和思考问题。

不断思考，不断创新

　　你是什么样的人，就决定了你走什么样的路。踩着别人的脚印前行难免被吃掉或被淘汰。只有学会思考，学会创新，打破常规，才能让不利的条件变为有利，才能变被动为主动，继而取得成功。

　　华若德克，美国实业界大名鼎鼎的人物。在他成名前曾带领属下参加在休斯敦举行的美国商品展销会。当时他被安排到一个极少有人光顾的偏僻角落。为他设计摊位布置的装饰工程师劝他干脆放弃这个摊位，等待来年再参加商品展销会。装饰工程师认为在这种情况下展览是无论如何也不可能成功的。华若德克觉得自己若放弃这一机会实在太可惜，他认为这个不好的位置带给他的弱势一定能够化解，关键就在于自己怎样利用这不好的环境使之变成整个展会的焦点。可是怎样才能出奇制胜呢？他陷入了深深的思考。他想到了自己创业的艰辛，想到了展销会的组委会对自己的排斥和冷眼，想到了摊位的偏僻。他感到自己就像一个受到不应有歧视的非洲人，感到自己像是在偏远的非洲。非洲？对就是它了！想到这里，一个妙招在他的脑海里应运而生。他走到了自己的摊位前，心里充满悲哀又有些激愤，心道："既然你们把我看成'非洲难民'，那我就给你们打扮一回'非洲难民'。"

　　于是，华若德克围绕着摊位布满了具有浓郁的非洲风情的装饰物，把摊位前的那一条荒凉的大路变成了沙漠。他安排雇来的人穿上非洲人的服装，并且特地雇用动物园的双峰骆驼来运输货物，此外还派人定做大批气球，准备在展销会上用。还没到开幕式，这个与众不同的装饰就引起了人们的好奇，不少媒体都报道了这一新颖的设计，市民们都盼望开幕式尽快到来好一睹为快。展销会开幕那天，华若德克挥了挥手，顿时展厅里升起无数的彩色气球，气球升空不久自行爆炸，落下无数的胶片，上面写着："当你拾起这小小的胶片时，亲爱的女士和先生，你的运气就开始了，我们衷心祝贺你。请到华若德克的摊位，接受来自遥远的非洲的礼物。"这无数的碎片撒落在热闹的展销会场，当然华德克也因为这个奇特的思维与创新取得了巨大的成功。

还有这样一个故事：

有一年，市场预测表明，该年度的苹果将供大于求。这使众多的苹果供应商和营销商暗暗叫苦，大家似乎都已认定：他们必将蒙受损失！可就在大家为即将到来的损失长吁短叹、准备低价出售时，有一个聪明的人却想出了绝招！他想：如果在苹果上增加一个"祝福"的功能，即只要能让苹果上出现表示喜庆与祝福的字样儿，如"喜"字"福"字，就准能卖个好价钱！

于是，当苹果还长在树上，他就把提前剪好的纸样贴在了苹果朝阳的一面，如"喜""福""吉""寿"等。果然，由于贴了纸的地方阳光照不到，苹果上也就留下了痕迹——比如贴的是"福"字，苹果上也就有了清晰的"福"字！这样的苹果的确少见，这样的创意也的确领先于人。正因为他的苹果有了这种全新的祝福的功能——而这又是别人所没有的，他在该年度的苹果大战中独领风骚，赚了一大笔钱。

很多事情都是这样，从常规思维角度看来是办不到、不可能实现的，但是用发散思维去思考，往往看似办不成的事也能办成，不可能

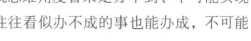

第四篇　勇于创新　超越平凡

实现的目标最终也会实现。华若德克和苹果商的故事告诉人们：创新来自不受局限的自由幻想，它可以帮助我们以一种崭新的、与以往不同的方式来看待事物之间的关系，并且使习惯的思维方式成为助益而非伤害。在很多情况下，看上去无关的事物，却能给人们更多的启示。飞机外形的设计就来源于人们对飞鸟的观察；潜水艇的外形很像是海豚；雷达来自蝙蝠的知觉给人类的启发；皮下注射针像响尾蛇的牙……这一切都是很好的证明。

心灵悄悄话

思考能使人不断进步，创新能使你的事业再上一个巅峰，与众不同的创新个性能使你脱颖而出。不管从事哪行哪业，幸运之神往往偏爱会思考、有创新精神的人。因此，从现在起培养你不断思考、敢于创新的习惯，从生活中的点点滴滴开始培养，那么你远大目标的实现自然就会水到渠成。

变通才有出路

　　1850 年，美国西部出现了淘金热。19 岁的利维也只身前往旧金山，加入这股被发财热浪所驱使的人流之中。然而，当他看到熙熙攘攘、成千上万的狂热的淘金者之后，就改变了淘金的初衷。决定另辟发财门径。他先是开办了一家销售日用百货的小商店并制作野营用的帐篷、马车篷用的帆布。利维认为："淘金固然能发大财，但能为那么多人提供生活用品也是一桩可以赚到钱的好生意。"

　　一天，利维正扛着一捆帆布往店里走时，他发现很多淘金工人都穿着破烂的裤子，便上前询问，原来这些淘金工人成天和泥水打交道，普通的裤子经不住穿，几天就破了。利维听后，很受启发，一条生财之道马上在他的脑海中形成轮廓。

　　于是，他立即将那位工人带到裁缝店，按他的要求做了两条帆布裤子。这就是世界上最早的牛仔裤。由于牛仔裤结实耐磨，很快就成为淘金工人争相购买的热门货。

　　在淘金热中，利维和其他人不同。利维从淘金这种繁重的体力劳动中发现淘金人需要结实耐用的工作服，于是，他调整思路，放弃所有人都热衷的淘金事业，立即展开以帆布为布料制成牛仔裤的生产事业，把产品卖给众多淘金客，从此走上了致富之路。

　　所以，同一件事，不管别人有没有这样做，也没有必要去管别人怎么做；更不能因为过去是这样做，现在就得这样做。换一种思路，换一种方法，在解决问题的同时，你会发现结果可能更好。当你的前

第四篇　勇于创新　超越平凡

面已经是一条死路，或者是一条拥堵不堪的路时，就完全没有必要随波逐流，跟着大家拼命地往上挤。寻找新方法，可以让一个企业摆脱困境，重新踏上发展之路；寻找新方法，可以更大限度地发挥员工的创造精神，为企业做出更大的贡献；寻找新方法，可以让一个企业在成功的基础上迈出一个新的距离。

瑞士手表以其精准的性能、耐用的质量和经典的款式雄踞世界手表业上百年。可是总有一些其他国家的手表制造者雄心勃勃地试图与手表王国一争高下。"西铁城"手表就是其中比较有实力的一个。当时，日本研制成了性能良好的"西铁城"手表，再一次向手表王国发起了强烈的冲击。

可是，想在手表王国瑞士几乎垄断了手表业的情况下，打开产品销路并不是一件容易的事。刚上市的时候，"西铁城"手表根本不受人赏识，更无法为自己争取一席之地。连续的亏损，让"西铁城"总经理犯愁了，为此，他专门召开公司高级职员会议，来商量对策。

当时，许多人都将打开销路的目光停留在广告上。通过很长时间的讨论，最终大家通过各抒己见综合出来一个奇异的方法。

没过多长时间，"西铁城"通过新闻媒介发布了一条令人震惊的消息，某天某时将有一架飞机在某地抛下一批"西铁城"手表，谁拾获手表，表就归谁。这条消息在社会上引起了很大的轰动。街头巷尾都在谈论这则消息。

到了指定的日子，人们怀着好奇和怀疑的心情，像潮水般地拥向指定地点。人们果然看到一架直升机飞了过来，当飞临人群的百米上空时，果然向人群旁的空地上下起了"表雨"。期待已久的人们，拥上去捡表。由于抛下的表数量特别多，所以很多人都有所收获。而捡获手表的人们在惊喜之余发现"西铁城"手表从空中丢下后，居然还在走动，甚至连外壳都未受损害。许多人对"西铁城"手表的质量连连称奇，不禁感叹："'西铁城'的表真是精良耐用，名不虚传。"同时，电视台又播放了这次抛表的实况录像，使"西铁城"的品牌很快深入人心，那些没有在现场捡表的人也对"西铁城"手表充满兴趣，纷纷抢购，这样一来"西铁城"表的销路一下子就打开了。而"西铁城"也因此逐渐成为世界知名的手表品牌。

故事告诉我们，在当今这个充满竞争的社会，创新已成为人类赖以生存竞争不可或缺的素质。如若我们依然采用一种循规蹈矩的生存姿态，依循别人的模式和思路，禁锢自己的思维，做事情总在原地打转，无异于一种自我溃败。只有大胆一些，灵活一些，独辟蹊径，想别人不敢想的，做别人不敢做的，才能获得更广阔的发展空间。

爱因斯坦曾经说过：人是靠大脑解决一切问题的。创新方法并不神秘莫测、高不可攀，只要你转变思路，很多好点子都是可以想出来的。

对于一个员工、一个企业来说，创新就是最大化地发挥智慧的力量，找出完成工作的最好的方法，出色、顺利地完成工作，在竞争中立于不败之地。

心灵悄悄话

"条条大路通罗马"。当大路走不通时，走小路也是可以到达的。因此不要使自己的思维拘泥于传统的、大众的方式之中，要善于独辟蹊径，寻找新方法，从而更有效地解决问题，达到出奇制胜的效果。司汤达曾说："一个具有天才的禀赋的人，绝不遵循常人的思维途径。"

第四篇　勇于创新　超越平凡

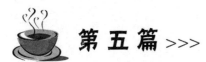

第五篇 >>>

中流击水　浪遏飞舟

"会当击水三千里,自信人生二百年。"人生如白驹过隙,只有积极把握,奋勇直击,才会赋予它价值和意义。

没有奋斗的人生是不完美的人生。拥有强大的自信心,就更需要细致的谋划和积极的行动。空有自信,没有行动,就容易成为妄自尊大的自负者。这样的人,穷其一生也不会到达成功的彼岸。

信心就是我们内心的宝藏。只要我们心中有信仰,就会产生信心;有了信心,就有取之不尽、用之不竭的能源。

成功从信念开始

有很多人想成功，想突破事业"瓶颈"，想增加收入，想增强信心，想使自己和家人身体更健康……可是试了很多方法，都没有达到理想中的效果。问题到底出在哪里？那是因为这些人都没有找到问题的根源。如果我们连根源都摸不着，那么解决问题的效果也一定是有限的。

所有的成功、财富、健康和信心都开始和结束于你的思想。而你的思想其实是一群信念的组合；信念是经由不断反复的自我确认而产生的。要想改变，一定要先改变自己的信念，尤其是隐藏在自己心中最深层的潜意识里的信念。思想决定行动，行动决定习惯，习惯决定性格，性格决定命运——这是人与人命运不同的关键。成功就是从信念开始的。

知名企业家王永庆先生曾经说过一句话："任何事业，一年得其要领，三年必有所成。"充分表达了坚持对自己、对事业的态度。

常言道，不如意事十之八九，而足以支持我们突破困境的，就是我们对这件事的价值观，换句话说，就是我们的"信念"。

影响结果最大的是信念。信念不断地把信息传给大脑和神经系统，造成期望的结果。所以，如果你相信会成功，信念就会鼓舞你达成；如果你相信会失败，信念也会让你经历失败。信念对我们如此重要，在生活或工作中，我们怎样才能建立信念呢？以下五条就是帮我们建立信念的良方。

（1）信念是一种有意识的选择，一定要选择能引导你成功的

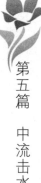

第五篇　中流击水　浪遏飞舟

信念；

 （2）借由偶发事件建立信念；

 （3）通过学习知识建立信念；

 （4）从过去成功经验中学习信念；

 （5）在内心建立一个经验，假设愿望已经实现。

生活中的你有什么样的生活，不在于你拥有多少财富，而在于你拥有什么样的思想和意念。你有健康的思想和意念，你就会有美好的生活。

当你相信自己有能力去做好某一件事的时候，就会感觉到一种无形的力量在支撑着你，它会给你带来一股冲劲儿，让你充分发挥个人的积极性和创造性，最终实现目标。有了坚定的信念，我们才能在成长的路上百折不挠，持之以恒。如果没有信念在心中，遇困难就退缩，哪还有成功？人生就是这样，要么成功，要么就失败！工作中我们要有坚定的信念在心中，想问题不要先把困难摆在面前，要充满激情，敢于进取，敢于探索，充分发挥自己的主动性、积极性，达成目标。随时保持目标清晰，长远目标与坚强的毅力，不要因成功而骄傲，也不要因失败而气馁，成功了还能不断奋进，失败了也能再接再厉。

不过，一切必须始于你的信念！让我们每个人心中都树立起信念，那样就会看到成功在不远处向我们走来！

信念，是一种信仰、信心和信任，是支持你排除阻碍的能源。只有坚持信念的人，才能翻转命运，创造人生的最大格局。因为信念可以支持一个人产生力量面对顺逆；信心，则让我们相信自己所做的事，相信未来是掌握在自己的手里。

给自己一个勇敢的机会

　　有这样一位家长，是北京大学毕业的；他的爱人是其大学同学，当然也是北京大学毕业的。于是，他们的女儿从小便立下了志向：考上北京大学。

　　一晃18年过去，迎来了他们女儿最关键的时期：高考。这一年，女儿通过对自己实力的评估觉得考上北京大学有点悬，因为在全校范围内，她前面至少有20名佼佼者。

　　可是，高考考完后填报志愿时，她却不顾家长、老师的反对，第一志愿填的是——北京大学，第二志愿填的是——北京大学，第三志愿填的还是——北京大学。

　　所有的志愿别无选择，统统是北京大学，并在"是否服从分配"一栏毅然填上"不服从"，不给自己留半点选择余地，让老师家长直摇头。

　　因为倘若北京大学不录取她，别的大学谁能录取她呢？而凭她的实力，这不是明摆着要让自己在同一棵树上吊死吗？

　　高考成绩出来后，她在全校的排名并没出现奇迹，依然是20多名，显然考上北京大学的概率几乎为零。有的为她惋惜，因为作为北京市著名的重点中学，她的成绩本可以考上其他重点大学的。有的则暗暗幸灾乐祸，等着看她的落榜。

　　不久，录取结果出来，出人意料：她竟然被北京大学录取了！

　　而成绩比她还要好的同学，大多却并没考上北京大学，原因很简单：他们压根儿就没敢报北京大学。

第五篇　中流击水　浪遏飞舟

后来，她是如此解释自己的一意孤行的：我是非北大不上！这一次我是孤注一掷，万一考不上北京大学，我明年再考。我已做好了失败的准备了，难道还怕失败吗？

一件事，做好了最坏的准备，人就无所畏惧，破釜沉舟，勇往直前，剩下的便都是收获。

据一份资料统计，在美国每年应聘年薪 1 万美元的工作的人，比应聘年薪 5 万美元的人多了 50～250 倍。这证明基层工作的竞争比高级工作的竞争激烈 50 倍以上。同时，这也证明了另一种现象：真正敢于应聘高级职位的人很少，绝大多数的人都缺少这份信心。其实，最后坐上高级职位的人，他的学历、能力并不一定比基层工作的人强多少，真正强的是他的信心与勇气。

各大城市每天都有不少的年轻人在寻找工作，或开始新的工作。他们当中，谁都"希望"能走上高级职位，但也仅是停留在"希望"上想想而已，绝大多数的人缺乏必需的信心和勇气。因为他们相信自己是平庸的，所以终生平庸。

还是有一些人，坚信"天生我材必有用"，敢于"攀上绝顶我为峰"，锲而不舍，总有一天，他如愿以偿，取得成功。

成功与失败的分水岭就是：前者自信，后者自卑；前者进取，后者消极。

我国有个寓言，叫"愚公移山"，愚公之"愚"，"愚"在敢于移山，"愚"在坚持移山。他的这份勇气和毅力，来自他这样的信念：山不会长高，移走一担就少一担；而愚公之后有儿子，儿子之后有孙子，子子孙孙，持之以恒地移山，总有一天会把山移完的。

愚公精神就是最实用的成功经验，同样的说法在西方的《圣经》中也可找到，那就是："坚定不移的信心能够移山。"遗憾的是，生活中总是庸者芸芸，成功者少。造成这一现象的原因就是：真正坚信自己能够移山的人并不多，结果，真正做到"移山"的人当然也就不多。

有人也许会这样想："只是像阿里巴巴那样喊'芝麻，开门'就能把山真的移开，那不是痴心妄想吗？"

这样想的人是把"信心"与"希望"等而言之了。是的，我们确实无法用"希望"来移动一座山，但"希望"可引导我们成功的方向，我们可以用"信心"来加油，用"毅力"来坚持，不达目的不罢休。

只要有信心，你就能移走一座山。只要相信自己能成功，你就一定会赢得成功。

信心就是我们内心的宝藏，只要我们心中有信仰，就会产生信心；有了信心，就有取之不尽、用之不竭的能源。

现代人只知向外寻找能源；然而外在的物资即使再丰富，终究有告罄的一天，因此世界各国为了解决"能源危机"，无不派遣专家上山入海，到处探勘、开发能源。其实，我们每个人都是开采能源的专家，只要我们懂得"反求诸己"，向自己的内心开采信仰的财宝，人生就会更富有。

信心与人生的关系密切，从许多名词、用语中可以获得印证，诸如信念、信服、信任、信奉、信守、信行、信赖、信誉、信义、信施、信解、信愿、信条、信物、信托、信用卡、信用状等；甚至鸟类中也有"信天翁"，大自然也有潮信、花信等。过去佛教以衣钵为信，皇帝以玉玺为信；君子则以信誉为信，朋友更以有德为信。

做人要守信用，更要有信心；有信心的人，凡事"信守不渝"，何愁做事不能成功？

信心是失败时的火种，往往在你摸索的黑夜里，照亮前面的路途。《信心门》说："世间的财富，要用信心的手去取；辽阔的江海，要用信心的船来渡。丰硕的果实，要用信心的根生长；无尽的宝藏，要从信心的门进入。有信心就有希望，有信心就有力量。信心是道德的根源；信心是智能的保姆，信心门里有无限的宝藏。"

自 强

人生最大的敌人是自己。对自己缺乏信心，是失败的主要因素；有信心不但能成就世间的功业，更能长养出世间的菩提道业。世间还有什么比信心更珍贵的宝藏？

坚信"我确实能做到"的积极心态，会伴生出相应的能力、智慧与精力，会激励自己想出各种可行的方法及技巧，自然会走出一条成功之道；同时，抱有强烈自信心的人，会赢得别人的信任和支持，从而动员更多的人帮助自己取得成功。

信心乃成功之帆

　　信心是对自我能力和自我价值的一种肯定。在影响自学的诸要素中，信心是首要因素。有信心，才会有成功。美国作家爱默生曾说过："信心是成功的第一秘诀。"

　　福建省龙溪县伐木工人林钻琛，多年隐居林场，"生命不息，自学不止"，73 岁获得法律专业自考专科毕业证书。年龄大，没有成为他不成功的理由；记忆力差，没有成为他成功的限制；体力衰退，更没有成为他成功的障碍。信心，使林钻琛老人自学成功。

　　自学是一项长期艰苦的劳动。在自学过程中，有困难也有挫折，因此，选择自学，就等于选择了挑战自我。保持一个健康稳定的心理，是自学成功的关键。成功靠信心。信心多一分，成功多十分。坚持自学，不言放弃是自学成功者共同的特点。如果一个人抱着试试看、随大溜，甚至凭一时的冲动加入自学中来，想象不到自学的艰难和曲折，这样的动机难以产生持续的自我激励力，自学不会成功。

　　失败，特别是考场上的连续失败，对个人信心也是严峻的考验。假如"一朝被蛇咬，十年怕井绳"或"因噎废食"，就会怀疑甚至贬低自己。自信心的丧失，也就失去了自学动力。学习没有了动力，自学也就很难坚持下去。自信者具有承受失败的心理准备，能够做到胜不骄，败不馁，视失败为成功之母，始终相信自我，坚信通过自己的努力能够自学成功。在困难和挫折面前，能力弱小并不可怕，可怕的是缺乏信心。让我们拥有信心吧！

　　赏识自我，就是尊重自己、悦纳自己，能够感受到自己存在的价

值。正确的自我认知，能够找出并发挥好自身的特点与优势，"一招一式"的成功体验，使自信心得以积累。"成功不难"，"我也能成功"。在信心面前，困难和挫折显得十分渺小。

自卑是有信心的大敌。建立信心，还要克服自卑。自卑，就是轻视自己，看不起自己。在自学中，方法不当，会使人困惑；学习枯燥，会使人懈怠；成绩不理想，会使人沮丧；压力过大，会使人焦虑。不能正确归因和善待这些困难和挫折是产生自卑的根本原因。克服自卑的最好办法，就是坚持。方法在坚持中完善，战术在坚持中改变，心理在坚持中调整，信心在坚持中恢复。自学路上无弱者。坚持就是胜利，放弃才是真正的失败。

心中有信心，成功有动力。莎士比亚说过："信心是成功的第一步。"当你满怀激情踏上自学之路时，请带上信心出发；当你遇到学习压力或考场失败时，请找回并重新树立你的信心；当你考场取胜时，成功会坚定你的信心。

心灵悄悄话

古人云：人不信心，谁人信之。建立信心，应该从相信自己、赏识自我做起。相信自己，就是对自己的认可和支持。"我能行"，"我也会成功"。积极的自我暗示，能够激起强烈的成功欲望，在战胜困难、实现目标的过程中，表现出果敢的勇气和必胜的信念。

有信心才有坚持下去的勇气

人生如镜，有了信心，你的镜子才会更美丽。在奋斗目标选对之后，能不能坚持到底，是成功与否的关键。

一生做好一件事，说容易也容易，因为一生毕竟就只做了一件事，感觉实在算不上是太难的事；说不容易也很不容易，因为做好一件事要付出很多的心血。要在孤独、寂寞中坚守自己的理想和信念，实在是一件很不容易的事。

所以，生活中到处都是碌碌无为的庸者，却缺少坚持自己理想、敢于追求成功的勇者。所以老子曰："慎终如始，则无败事。"这也就是说，贵在坚持。

有一个很小很小的岛，因为觉得自己实在是太小了，于是就自惭形秽地向上帝诉苦说："上帝啊！你为什么让我生得这么渺小可怜呢？放眼世界，几乎任何一块土地都比我来得高。别人总是巍然而立、高高在上，甚至耸入云端，显得那么壮观伟大；我却孤零零地卧在海面，退潮时高不了多少，涨潮时还要担心被淹没。请您要不然将我提拔成喜马拉雅山，要不然就将我毁灭吧！因为我实在不愿意这样可怜地活下去了。"

上帝看着这个小岛，对它说："且看看你周围的海洋，它们占地球面积的3/4，也就说，有3/4的土地在那下面，它们吸不到一点新鲜的空气，见不到半分和煦的阳光，你有幸能够成为露出海面的1/4。还有什么可抱怨的呢？"

听了上帝的话，小岛豁然开朗地说："请饶恕我的愚蠢，维持我崇高的卑微吧！感谢上帝，我已经太满足了！"

我们每一个人生活在世界上，也像这个小岛一样，曾经为自己的渺小卑微而苦恼过。但是想一想：我们有幸成为一个健康的人，过着正常的生活，可以自由地选择自己喜欢的职业、追求自己的理想、探寻成功的道路，这一切又是多少人梦寐以求而得不到的啊！

一个人要成功，靠的不是投机取巧，不是耍小聪明，而是信心。

从早到晚，只要有信心，你就能移动一座山；你要相信你能成功，你就会赢得成功。"心存疑惑，就会挫败；相信胜利，必定成功。"相信自己能移山的人，会成就事业；认为自己没信心的人，一辈子一事无成。

有人说：80 年代初，摆个地摊就能发财，可很多人不敢。90 年代初，买只股票就能挣钱，可很多人不信。21 世纪，搞个网站就能赚钱，可很多人不试。有的人浅尝辄止，遇到困难就立即退回到原地，甚至更靠后的地方。为什么？就是缺少信心！所以生活中更多的人在羡慕那些成功者的辉煌，而缺少成功者的信心。

生活中，像这样的人不在少数。不要说一些普通人，很多诸如陈天桥及马化腾等现在受到万人追捧的成功明星们，以前都有过放弃的念头，都有过想低价出让公司的想法，这是面对困难时，所有人都可能会有的反应，但关键在于：成功者坚持下来了，而不成功的人在黎明前的黑夜里倒下了。

每天都有很多年轻人开始新的工作，他们都"希望"能登上最高阶层，享受随之而来的成功果实。但是他们中的绝大多数都不具备必要的信心与决心，因此他们无法实现自己的愿望。他们认为仅凭自己的能力是无法享有世界上最好的东西的，有了这种自卑的心理之后，他们就不求上进、自甘堕落了。

一个人成就的大小，完全取决于其信心程度的高低。如果法国的拿破仑没有信心，那他的军队绝不能翻越阿尔卑斯山。同样，如果你怀疑自己的能力，对成功信心不足，那你的一生也不会成就伟大的事业。

有了信心，在遇到挫折时，就能够不灰心、不动摇、不悲观，顽强地和厄运抗争，就有了坚持下去的勇气。信心在我们想要做任何事情上都是必不可少的。一个人最大的不幸莫过于不敢坚持自己的事业。其实每个人都是优秀的，差距就在于是否有信心。

心灵悄悄话

信心是什么？信心是人生前进的动力；是人生辉煌的阶梯；是人生成动的筹码。一个有信心的人是一个有活力的人；一个有信心的人是一个有方向的人；一个有信心的人是一个注定会成功的人。

第五篇　中流击水　浪遏飞舟

不能轻言放弃

丘吉尔说，我的成功秘诀有三个：第一是，决不放弃；第二是，决不，决不放弃；第三是，决不，决不，决不放弃！

王永庆创业时才 16 岁。他借了 200 元开了一家小米店，可当时，各处米店都有各自的固定客户，一般百姓也多去自己熟识的米店买米。王永庆的米店自然难以在米市中立足，开展营业十分困难。但他并不气馁，为了打开销路，他将米中杂物、沙粒捡得干干净净，且不辞辛苦挨家挨户去推销，有时还冒雨将米送到顾客家里，他总是想尽办法满足顾客的要求，甚至比顾客考虑得还周到。他给顾客送米时总是主动地把顾客米缸中原来的米先取出来，再放新米，然后再把旧米放在新米上，以便顾客吃完旧米再吃新米。

后来王永庆又成立了一个台湾塑胶工业股份有限公司。公司创立之初，一个化工专家预言王永庆难逃破产的命运。但王永庆并不放弃，仍义无反顾地走自己认准的路。不幸的是事态的发展似乎应验了那个预言，一个又一个难关横在他的面前，台塑公司生产出来的聚氯乙烯在市场上竟无人问津。原来，这是对台湾石化塑料工业发展估计过快所致。面对这种困境，一些股东心灰意冷，纷纷退股。台塑刚建不久就陷入死地。这时王永庆还是没有退缩，他决心迎接命运的挑战。通过调查分析，发现产品之所以卖不出去是因为缺乏竞争力，价钱过高，并不是市场出现饱和。于是，他做出决定，卖掉了自己所有的产业，买下了台塑所有股权，并决定独自经营。他重新规划发展蓝图，决定采取两项措施背水一战。出乎意料的是他所采取的措施不仅不减产而且大量增产，为提高竞价能力，同时注意产品质量，他投资70万美元更新设备，使质量提高了，售价却降低了。第二项措施是开发塑胶加工工业，兴建工厂，利用台塑的聚氯乙烯为原料加工制造各种塑胶产品。这不仅能够消化台塑的产品，而且可以用塑胶成品赚取更多的利润。

由于采取上述两个措施，王永庆摆脱了困境，打开了市场，使企业起死回生，后来拥有了世界上最大的塑胶企业，并被称为"世界塑胶大王"，成为世界上最富有的人之一。

参观过开罗博物馆的人，都会为那些从图坦·卡蒙法老墓中挖出的宝藏叹为观止。那些大理石英钟容器、黄金珠宝饰品、战车和象牙等巧夺天工的工艺至今仍无人能及。可又有谁知道，如果不是霍华德·卡特当时决定再多挖一天，多打一锤，这些不可思议的宝藏今天也许仍埋在地下，而永无重见天日的机会。

1922年的冬天，卡特几乎放弃了可以找到法老坟墓的希望，他的赞助者也即将取消资助。卡特在自传中写道："这将是我们待在山谷中的最后一季，我们已经挖掘了整整六季了，春去秋来毫无所获。我们一鼓作气工作了好几个月却什么也没有发现，只有挖掘者才能体会这种彻底的绝望；我们几乎已经认定自己被打败了，正准备离开山谷到别的地方去碰碰运气。然而，要不是我那最后的一锤，我们永远也不会发现，这些超出我们梦想所及的宝藏。"

卡特的最后一锤成了全世界的头条新闻，这一锤使他发现了近代唯一一个完整出土的法老坟墓。

有一种失败，不是因为走的路太少，而是因为已经走了99步，却在第100步的时候放弃了，这是一种最为愚昧的放弃。若总是过早

地放弃一切，就等于放弃了一生的成功。

其实，最浪费时间的一件事就是过早放弃。人们经常在做了90%的工作后，放弃了最后那10%的可以让他们成功的"最后一锤"。不但输掉了开始的投资，更丧失了经由最后的努力而发现宝藏的惊喜。很多时候，人们会学习新的技艺、开始一个新的工作，然后就在成果显现之前失望地放弃。通常，任何新工作，都有一段自己懂得比周围人少的困难阶段。刚开始每件事情都要挣扎，过了一段时间后，最初有压力的工作就会变得轻而易举。可人们一生中的许多时间，是在跨过乏味与喜悦、挣扎与成功的重要关卡之前就放弃了。

任何一个成功都是经过艰苦卓绝的努力和冲破失败的阴影才能获得的，所以，在完成一件艰巨的工作的时候，面对困难，一定不要轻言放弃。不放弃，就能面对追求过程中更多的磨难；不放弃，就有希望把握住每个今天：不放弃，就有希望。

任何成功的取得都是需要积累的，有经验的积累，也有时间的积累，所以我们不要轻言放弃，没有生活的点滴积累和打磨，就无法孕育出炫人夺目的珍珠。

世界上没有绝对不可能

可以说不同的发问方式，往往决定了问题的不同结果。如果当你一遇到问题就立即发出"怎么可能"的疑问时，那问题百分之百会就此打住，至少你在思想上已经被吓住了，不可能再进一步。但是，假如当你遇到问题时立马想到的是"怎样才能"时，那效果就会完全不一样。

我们在工作和生活中，遇到问题和困难需要解决时，通常有两种表现不同的人：

第一种人是当他们在发现问题难度较大时，就会马上被困难所吓倒，然后对自己说"绝不可能"会取得成功，所以也就不再去努力，最终放弃。

而第二种人却是相反，在面对困难时，他们是强者。他们首先就有一种能战胜困难的良好心态和发问方式，认为没有什么不可能。

然而，他们又是如何能做到这点的呢？

假如你是一个只有 19 岁的穷大学生，连上学的钱都不够，能够在不偷不抢，也不从事任何其他非法的活动，而是完全凭自己的智慧在短短 1 年内赚到 100 万美元吗？

可能大多数人听到这样的问题时，都会笑着摇头，说："绝不可能！"

如果再问一句："你相信有这样的人吗？"可以断定：还是会有不少人摇一摇头，说："绝不可能！"

但是这里我要告诉你：大多数人认为"绝不可能"的事，真的就

自 强

有人做到了。

这个人名叫孙正义，一个被誉为"全球互联网投资皇帝"的人。

这个身高仅仅 1.53 米的矮个子男人，在他 19 岁时就制定了自己 50 年的人生规划，其中一条，就是要在 40 岁前至少赚到 10 亿美元。如今他 40 多岁，这个梦想也早已成了现实。

看看他是如何利用智慧赚到人生第一个 100 万美元的。

在制定人生 50 年规划时，他还是一个留学美国的穷学生，正为父母无法负担他的学费、生活费而发愁。他也曾有过到快餐店打工的想法，但很快又被自己否定了，因为这与他的梦想差距太大。左思右想之后，他决定向松下学习，通过创造发明赚钱。于是，他逼迫自己不断想各种点子。一段时期内，光他设想的各种发明和点子，就记录了整整 250 页。

最后，他选择其中一种他认为最能产生效益的产品——"多国语言翻译机"。但这时问题马上来了：他不是工程师，根本不懂得怎么组装机子。当然这肯定难不住他，他向很多小型电脑领域的一流著名教授请教，向他们讲述自己的构想，请求他们的帮助。

虽然大多数教授拒绝了他，但最终还是有一位叫摩萨的教授，答应帮助他，并为此成立了一个设计小组。这时孙正义又面临着另一个问题：他手上没有钱。

怎么办？这也难不倒他，他想办法征得了教授们的同意，并与他们签订合同：等到他将这项技术销售出去后，再给他们研究费用。

产品研发出来后，他到日本推销。夏普公司购买了这项专利，而这笔生意一共让他赚了整整 100 万美元。

所以一个人只要开动"脑力机器"去解决问题，去想方法，就没有什么不可能，就能创造奇迹！而能创造这种奇迹，关键在于改变发问方式：将否定式的疑问——"怎么可能"，变为积极性的提问——

"怎样才能"！

有科学家曾经研究过：如果一个人将思想聚焦在"怎么可能"的怀疑上，那他的智力潜能就会受到一定程度的压抑，就有可能把能够实现的东西扼杀在摇篮之中！

所以我们只有将思想聚焦在"怎么才能"的探索上，让我们的脑力机器积极地开动起来，才能最终去把各种"不可能"变为可能，从而改写历史，改变命运！

心灵悄悄话

生活中我们之所以说事情"没有可能"，那仅仅是由于我们把自己捆绑住了，因为无论是生活中还是工作中，没有什么绝对不可能的事情。当我们把"怎么可能"改为"怎样才能"时，一切难以想象的奇迹或许就会出现，所有的难题也许皆有可能。

第五篇　中流击水　浪遏飞舟

毅力＋信心，是成功的保障

如果说，自信是成功者第一重要的品质，那么，毅力就是成功者第二重要的品质。因为，只有自信的人，才敢于树雄心、立大志，放手去做点什么；而只有有毅力的人，才能克服困难，持之以恒，坚韧不拔，"咬定青山不放松，任尔东西南北风"，最终使自信者美梦成真。

美国演说家亨利·克雷在给青年人的一次讲座中是这样描述他成功的秘诀的。他说："我毕生的成功，都应归功于一件事。在我27岁那年，我就养成了每天阅读、朗诵一些历史和科学著作的习惯，持续数年之久。有时我在麦田里朗诵，有时在森林，有时则跑到挺远的谷仓，那里有老马和公牛做我虔诚的听众。正是我这段早年的经历不断地激发着我的热情与灵感，并从此塑造了我的性格，决定了我的命运。"

有一幅漫画，画的是：一个嘴叼香烟的挖井者扛着铁锹，满不在乎地扬长而去。在他身后留下五六个深深浅浅的坑，可是没有一个挖出水来。其实地下水位并不低，有的井坑都差点接近水位了，只需再努把力，就可以大功告成。可惜这位挖井者，浅尝辄止，功亏一篑。

世上有千千万万的人，但真正能够轰轰烈烈地干出一番大事业的人并不多，多数都是平平凡凡，既说不上很成功，又谈不上惨败。原因就在于：有毅力的人少，而像漫画中的这类挖井者很多。

有个曾在井冈山瞻仰过毛泽东等老一辈革命者战斗过的遗迹的人回忆道：

井冈山位于江西、湖南两省边界的罗霄山脉中段，在江西省宁冈、遂川、永新和湖南省炎陵县四县交界的众山丛中，周围有 500 多里。1927 年 10 月，毛泽东率领秋收起义部队进军井冈山，在这里建立了中国第一个农村革命根据地。1928 年 4 月底，朱德、陈毅率领南昌起义保存下来的部队和湘南农军转移到井冈山革命根据地，同毛泽东领导的部队胜利会师。随后，两支军队合编为工农革命军第四军，不久又根据中共中央指示改称红军第四军。

第四军的番号系沿用北伐战争中声威昭著的国民革命军第四军的番号，这是因为该军所部叶挺率领的独立团中共产党员很多，政治素质优异，战绩辉煌，纪律严明，所到之处，坚决支持工农群众的革命斗争，备受人民爱护。

黄洋界位于井冈山西北部，是进入井冈山五个主要隘口之一。1928 年 8 月 30 日，湖南、江西两省敌军各一部，乘红四军主力还在赣西南欲归未归之际，向井冈山进犯。红军不足一营，凭借黄洋界天险奋勇抵抗，激战一天，击退敌军，胜利地保卫了这个革命根据地。在黄洋界保卫战胜利后，毛泽东满怀革命豪情，写下了一首《西江月·井冈山》词——

山下旌旗在望，山头鼓角相闻。敌军围困万千重，我自岿然不动。早已森严壁垒，更加众志成城。黄洋界上炮声隆，报道敌军宵遁。

我们在黄洋界上，听导游介绍说，当年红军条件极端艰苦，弹药不足，在黄洋界上抵御国民党军队的进攻时，一共只开了三炮，其中还有两发是哑炮。然而，我们从毛泽东 1928 年秋所作的一词中，却丝毫看不出当年的艰难困境，更看不出丝毫的忧虑和绝望。

"黄洋界上炮声隆"，多么壮观的战争场面，谁能想到当年所发的

第五篇 中流击水 浪遏飞舟

三发炮弹竟有两发是哑炮呢？毛泽东的乐观与自信，让我们深深震撼、深深折服！

当时，在国民党的重重封锁下，在红军队伍处在极端困难的时候，正是毛泽东非凡的自信和毅力，使红军有了主心骨，从而使红军能够经受住严峻的考验，毫不妥协，获得新生；后来，突破国民党的五次"围剿"，毛泽东率领红军进行了艰苦卓绝的二万五千里长征，使蒋介石"攘外必先安内"没能得逞，以大无畏的精神带领中国共产党人取得了革命胜利。毛泽东从井冈山走到延安，再从延安进入北京，整整花了 21 年！因此，人生的目标越高远，过程往往越漫长、越艰难，如果没有"路漫漫其修远兮，吾将上下而求索"的毅力，肯定不会最后成功。

毅力就是自信。陈景润为攻克"哥德巴赫猜想"这一世界性难题，首先靠的是自信。

自信引领着他，如饥似渴地探索、废寝忘食地演算，终于取得了成功，摘取到了数学皇冠上的一颗夺目的明珠。爱迪生为发明灯泡，光灯丝就试验了 1000 多次，但靠着信念，终于找到了给全世界带来光明的灯丝——钨丝。

毅力就是勤奋。林清玄 8 岁立志要写作，长大以后开始写的时候，一天写 3000 字，从没间断，是一个多产的作家。因为他坚信："每次成就的累积，就会有大的成功。"

曹雪芹为写《红楼梦》，披阅十载，增删五番，终于造就了这一千古名著；司马迁为了撰写《史记》，忍辱负重，遍访九州，读破万卷，终于写成了被鲁迅誉为"史家之绝唱，无韵之《离骚》"的首部断代史。

马克思的《资本论》、路遥的《平凡的世界》、陈忠实的《白鹿原》……哪一部优秀的著作不是靠辛勤的汗水凝结而成？梁启超曾说过："有毅力者成，反是者败。"诚哉斯言！这是他个人经历的总结，也是一个普遍的真理。吕坤在《呻吟语》中说过："把意念沉潜得下，何理不可得？把志气奋发得起，何事不可做？"

"精诚所至，金石为开"，论的是毅力；"逆水行舟，不进则退"，靠的是毅力；"绳锯木断，水滴石穿"，是因为毅力；"十年树木，百年树人"，说明了毅力对一个人一生的重要性。

心灵悄悄话

自信的人因为坚信什么，从而能坚持什么，因此一般都有毅力；有毅力的人因为不达目的不罢休，故成功的多，从而更助长了自信。

第五篇　中流击水　浪遏飞舟

热爱自己的本职工作

人生要获得成功，首先就要热爱自己的本职工作。

当一个人从事他所热爱的工作，或是为他所爱的人工作时，他就会充满热情和自信，就会发挥最大的效率，工作起来会更轻松，轻而易举地取得成功的业绩。不管什么时候，不论什么人，只要有爱的情绪进入工作状态，这项工作的质量立即大为改善，数量将大为增加，疲劳感则大量减少，即使再累也心甘情愿、乐此不疲。

从事一个自己并不喜爱的工作，就难免三心二意；三心二意干工作，就难免敷衍了事，做一天和尚撞一天钟，心灰意冷，有气无力；结果自然难免没效率、没业绩，一切都会很糟糕，上司不满意，同事蔑视你，自己则难免失落和自卑。你如不想"跳槽"，又不想对本职工作全力以赴，那么，你这一辈子注定浑浑噩噩，活得没价值、没意义，了无生趣。

人这一生能从事一份自己所热爱的工作，那无疑是最幸运、最幸福的，也是你自信的源头之一。这样，你就把工作与享受、爱好与谋生、劳动与休闲紧密地结合在了一起，工作就是休息，能忙人之所闲；休息也就是工作，能闲人之所忙。

世上的人成千上万，真正能把爱好、兴趣与工作结合在一起的人，微乎其微，大多数人还仅是为了生存而干着自己并非爱干的工作、学着自己并非爱学的东西、追求着自己并非爱的文凭或职称。这也就是为什么有幸福感或成就感的人，会那么少的主要原因。

最适合你的工作就是你所热爱的工作，你所热爱的工作就是你应该从事的工作。不要以别人的价值观来衡量自己所爱的工作,不要以收入多少来衡量自己所爱的工作。我们必须明白这一点:人生的最终目标,是快乐,不是其他东西。财富固然能给人带来快乐,但追求财富只是手段,并不是最终目的;假如一个人清贫,但他很快乐,那么清贫也就无可厚非。

不要把权势、财富或名誉当成人生追求的终极目标,幸福才是人生的最终目标。真正的富有,是精神上的,不是钱包里的;真正的幸福,是内在的精神愉悦,不是外在的感官享受。奥格·曼狄诺说得好:"就物质上的富有来说,我和外面的乞丐,只有一点不同,乞丐想的是下一顿饭,而我想的是最后一顿饭。"他强调道:"不要一心只想发财,不要受金钱的奴役。努力去争取快乐,爱与被爱;最重要的,是求得心灵的宁静。"拿破仑·希尔曾举例说明:在别人看来最苦最累最低贱的工作,也可能是某人最热爱的工作。只要喜欢就是最好,不必在乎他人的计较。

从前,美国有一群社会学家在路易斯安那州买下几百亩地,建立了一个"理想国",开始为实现一个理想而工作。他们设计了一套制度,保证让每个人从事他最喜爱的工作,大家的联合劳动成果就成为大家的共同财产。他们有自己的牧场、制砖工厂、印刷厂等。

一位来自明尼苏达州的瑞典移民也加入了这个"理想国"。根据他的请求,被分配到印刷厂工作。没过多久,他就厌烦了,于是又到农场工作,开拖拉机。只干了两天,他就受不了啦,又申请调职,便被指派到牛奶厂工作。也没干几天,他就又要求调换工作。如此挑三拣四,几乎——尝试过"理想国"里的每一种工作,但没发现一样他喜欢干的。正当他要打退堂鼓离开"理想国"之际,有人突然想到,还有一项工作他尚未尝试过——制砖厂工人。于是他当了一名运砖工,用一辆独轮手推车,把烧好的砖头从窑里运到仓库,堆放整齐。一个星期的时间过去了,他干得挺欢快的,没人听到他的任何抱怨。

有人问他是否喜爱这项工作，他高兴地回答："这正是我所喜欢的工作！"

想想看，竟然有人会喜欢推运砖车的工作！不过，这项工作倒是很符合这个瑞典人的天性：独来独去，不需什么思想，不要什么技术，不必花费什么脑筋，也不必负多大的责任，轻松自在，这正是他所希望的。

他一直担任这项工作，直到把所有的砖头都运出去码放好为止。然后，他才满意地离开了"理想国"。

拿破仑·希尔对此评论道："当一个人从事他所喜爱的工作时，他很容易就能做得比分内应做的更好、更多。为了这个原因，每个人都有责任去找他自己最喜爱的工作种类。"

乔伊·吉拉德说得好："就算你是挖地沟的，如果你喜欢，关别人什么事。"

因为，任何职业都不可能让任何人都喜欢；无论你从事什么职业，世界上一定有人讨厌你和你的职业。

讨厌有什么关系？走你的路，让他们去说吧！

乔伊·吉拉德经常会碰到人询问他的职业，他总是自豪地大声回答："我是汽车推销员！"

"你是卖汽车的？"对方满脸不屑。

吉拉德依然彬彬有礼，微笑地说："对，我就是一名汽车推销员。我非常热爱我的工作！"

从事自己热爱的职业，是通向健康、通向富裕之路。吉拉德说，它可以引领你一步步走向成功和幸福。

吉拉德曾碰见一个神情沮丧的人，便问他是干什么的，那人说是推销员。吉拉德诚恳地告诉他："销售员怎么能是你这种样子？你满脸都是颓丧，顾客会不对你失望？你对自己的职业都没有信心，顾客会对你的产品有信心？"

热爱本职工作的另一个重要标志就是：对它的前途也充满信心，忠诚不二，目标专一。

一个人来到这尘世，有些是业已注定了的，你别无选择，比如你的父母、血型、相貌、身高、民族；有些则是完全可以改变的，比如贫穷、知识、职业、前途。前者可以看成是"命"，命中注定的，我们就欣然地全盘接受下来；后者可以看成是"运"，运气是流转的，这正是希望之所在，让我们能勇敢面对未来。总之，对待命运的正确态度是：坦然面对"命"，积极面对"运"。

真正决定人生价值的，并非那些你不可改变的东西，恰恰是你可以改变的东西。换句话说：人生的价值，体现在自我选择之中。

人生面临无数的选择，真正重大的选择虽不多，但每一个重大的选择都是由很多个小小的选择逐渐积累而成的。正如我们走路，会遇到很多岔路口，每一个岔路口都面临一个选择，无数个选择决定了我们最终要抵达的目的地。

婚姻的选择，决定我们的家庭是否和睦、幸福；职业的选择，决定我们的奋斗是否顺利、成功。

对职业的选择，不太可能一蹴而就。要找到一个最适合自己、自己最喜欢的工作，很像是要找一个自己最喜欢的异性伴侣，有时是"山重水复疑无路，柳暗花明又一村"，有时是"有心栽花花不发，无心插柳柳成荫"。一旦找到，就要全心全意地投入，就要一心一意地爱惜。

"人贵有自知之明"。知道自己究竟适合干什么并不容易，这牵涉到自己的爱好、个性、学识、才干、机遇等多重因素。一般而言，就天性来说，能力最强的推销员都是乐观、热情、幽默的，特别称职的财务人员都是理智、冷静、刻板的。

如果你性格内向、做事拘谨、不苟言笑，那么，你最好别去做推

销员。

乔伊·吉拉德在 35 岁前就换过 40 种工作，最终才找到他最适合、最喜欢的推销工作。尽管他有过严重的口吃，但对推销工作的专注与热情，以及他天性中的乐观与自信，弥补了口吃的毛病。

人一生如只努力做一件事情，无疑会更快、更容易取得成功。

奥格·曼狄诺说："最弱小的人，只要集中力量于一点，也能得到好的结果；相反，最强大的人，如果把力量分散在许多方面，那么也会一事无成。小小的水珠，持之以恒，也能将最坚硬的岩石穿透；相反，湍流呼啸而过，了无踪迹。"

这，就叫"滴水穿石"。

一个人一生即使只精通一件事，哪怕是一项微不足道的雕虫小技，只要持之以恒，尽善尽美，就足以成功扬名。而摇摆不定、犹豫不决的人，最终将一事无成。

乔伊·吉拉德每次演讲都鼓励他的听众：你们所有的人都应该坚信——乔伊·吉拉德能做到的，你们也一定能做到。我并不比你们好多少，我之所以做到，只是因为我投入专注和热情。我也曾有过无数次的失败，最后放弃建筑生意，就在于太多的选择分散了精力、太多的诱惑让自己举棋不定。我终于明白，与其诸事平平，不如一事精明；精力分散，极难成功。

他认为：最好在一个职业上一直做下去。因为所有的工作都会有这样那样的问题，但是，如果轻率地跳槽，跳来跳去，情况会变得更糟。

人一生虽不一定就只做一件事，但可以在一定的时期里，一次只做一件事。

乔伊·吉拉德特别强调"一次只做一件事"的意义：以树为例，从种下去，精心呵护，到它慢慢长大，就会给你回报。你在那里待得越久，树就会越大，回报也就越丰厚。

乔伊·吉拉德自豪地说："我做销售这十几年，种下的树已经成为参天大树，已给我带来无比丰厚的财富！"

世界上最伟大的推销员乔伊·吉拉德的成功经历，正好印证了奥格·曼狄诺的名著《世界上最伟大的推销员》中的一句话："能够在这个世界上独领风骚的人，必定是专心致志于一事的人。伟大的人从不把精力浪费在自己不擅长的领域中，也不愚蠢地分散自己的专长。"

当年乔伊·吉拉德从事建筑生意惨败，改行推销汽车，从卖出第一辆起，他便在心中树立了一个远大的目标。这目标正如一座高山，他紧盯着山尖发誓说：我一定会东山再起！

他只盯住这山尖，旁边的山虽数不胜数、连绵起伏，但他目不斜视、从不旁顾。就像箭发于弓，直奔靶心；就像阳光穿过凸透镜，聚焦点火。3 年后，他如愿以偿，成了全世界最伟大的推销员。在总结自己的经验教训时，乔伊·吉拉德深有体会地说：一定要与成功者为伍，以第一为自己的目标！

心灵悄悄话

世上三百六十行，行行出状元的前提是"干一行，爱一行"，这并不容易做到，而"爱一行，干一行"的机会也不容易找到。但我们必须坚信：至少有一行是我们所热爱的，最好是找到它并从事它。

第五篇　中流击水　浪遏飞舟

信心多一分，离成功就近一步

别人看得起，不如自己看得起。只有相信自己的价值，充分认识自己的长处，敢于坚持自己的理想，才能保持奋发向上的劲头。

常言道：世上无难事，只怕有心人。没有翻不过的山，没有蹚不过的河，只是因为不相信自己能力的人多了，世界上才有了"困难"这个词。

一般人经常害怕被拒绝，害怕失败。为什么害怕？因为觉得自己不够好，因为他不够喜欢自己。如果让你喜欢你自己，你必须重复地念着："我喜欢我自己，我喜欢我自己，我喜欢我自己，我是最棒的，我是最棒的。"

如果我们展示给人的是一种信心、勇毅和无所畏惧的印象，如果我们具有那种震慑人心的信心，那么，我们的事业就可能会获得巨大的成功。

包玉刚就是以一条破船闯大海的成功者，当年曾引起不少人的嘲弄。包玉刚并不在乎别人的怀疑和嘲笑，他相信自己会成功。

他抓住有利时机，正确决策，不断发展壮大自己的事业，终于成为雄踞"世界船王"宝座的名人巨富。

他所创立的"环球航运集团"，在世界各地设有20多家分公司，曾拥有200多艘载重量超过2000万吨的商船队。他拥有的资产达50亿美元，曾位居香港十大财团的第三位。

包玉刚的平地崛起，令世界上许多大企业家为之震惊：他靠一条破船起家，经过无数次惊涛骇浪，渡过一个又一个难关，终于建起了自己的王国，结束了洋人垄断国际航运界的历史。回顾一下他成功的道路，他在困难和挑战面前所表现出的坚定信念，对我们每个人都有很大的启发。

包玉刚不是航运家，他的父辈也没有从事航运业的。中学毕业后，他当过学徒、伙计，后来又学做生意。

30岁时曾任上海工商银行的副经理、副行长，并小有名气。31岁时包玉刚随全家迁到香港，他靠父亲仅有的一点资金，从事进口贸易，但生意毫无起色。

他拒绝了父亲要他投身房地产的要求，表明了欲从事航运业的打算，因为航运业竞争激烈，风险极大，亲朋好友纷纷劝阻他，以为他发疯了。

许多人失败的原因，不是因为天时不利，也不是因为能力不济，而是因为自我心虚，自己对自己没信心，最终成为自己成功的最大障碍。

但是包玉刚却信心十足，他看好航运业并非异想天开。他根据在从事进出口贸易时获得的信息，坚信海运将会有很大发展前途。经过一番认真分析，他认为香港背靠大陆、通航世界，是商业贸易的集散地，其优越的地理环境有利于从事航运业。

37岁的包玉刚正式决定搞海运，他确信自己能在大海上开创一番事业。于是，他抛开了他所熟悉的银行业、进口贸易，投身于他并不熟悉的航运业。当时，对于他这个穷得连一条旧船也买不起的外行，谁也不肯轻易把钱借给他，人们根本不相信他会成功。他四处借贷，但到处碰壁，尽管钱没借到，但他经营航运的决心却更坚强了。后来，在一位朋友的帮助下，他终于贷款买来一条20年航龄的烧煤旧船。

从此，包玉刚就靠这条整修一新的破船，挂帆起锚，跻身于航运界了。

自 强

在国际影视圈里，索菲亚·罗兰可谓是一面旗帜性的人物。为了生存以及对电影事业的热爱，16岁的罗兰来到了罗马，想在这里涉足电影界。

没想到，第一次试镜就失败了。所有的摄影师都说她够不上一个美人的标准，都抱怨她的鼻子太长、臀部太大。没办法，导演卡洛只好把她叫到办公室，建议她把臀部削减一点儿，把鼻子缩短一点儿。

一般情况下，许多演员都对导演言听计从。可是，小小年纪的罗兰却非常有勇气和主见，拒绝了对方的要求。

她说："我当然懂得因为我的外形跟已经成名的那些女演员颇有不同，她们都相貌出众，五官端正，而我却不是这样。

"我的脸毛病太多，但这些毛病加在一起反而会更有魅力呢。如果我的鼻子上有一个肿块，我会毫不犹豫地把它除掉。

"但是，说我的鼻子太长，那是无道理的，因为我知道，鼻子是脸的主要部分，它使脸具有特点。我喜欢我的鼻子和脸的本来的样子。说实在的，我的脸确实与众不同，但是我为什么要长得跟别人一样呢？

"我要保持我的本色，我什么也不愿改变。

"我愿意保持我的本来面目。"

一个人只要有信心，那么他就能成为他所希望成为的人。正是由于罗兰的坚持，使导演卡洛·庞蒂重新审视，并真正认识了索菲亚·罗兰，开始了解她并且欣赏她。

罗兰没有对摄影师们的话言听计从，没有为迎合别人而放弃自己的个性，没有因为别人而丧失信心，所以她才得以在电影中允分展示她的与众不同的美。

而且，她的独特外貌和热情、开朗、奔放的气质开始得到人们的承认。后来，她主演的电影获得巨大成功，并因此而荣获奥斯卡最佳女演员奖金像奖。

多年以后，年逾古稀的索菲亚魅力依旧，她曾经与年轻的姑娘说出了自己永葆美丽的秘诀——充满有信心的缺陷，远比缺乏有信心的美更富有魅力。

心灵悄悄话

信心毕竟是一种自我激励的精神力量，若离开了自己所具有的条件，信心也就失去了依托，难以变希望为现实。大凡想要有所作为的人，都须脚踏实地，从自己的脚下开始，踏出一条远行的路来。任何事情，你只要有决心去做，并愿意尽最大的努力，你就一定会获得成功。

第五篇 中流击水 浪遏飞舟

有信心的人生永不贬值

在一次以"信心"为主题的演讲会上，演说家面带微笑地站在讲台旁，掏出钱包，从中夹出一张钞票，然后高举过头，面对几百名听众，问："这是100美元，我想送给你们中间的一位，作为我和大家的见面礼，如何？"

听众对这别开生面的开场白报以热烈的掌声。"谁要这100美元？请举手！"演说家大声问。会场上有一只手先迟疑地举了起来，然后，几乎所有的手都举了起来。

演说家说："谢谢大家对我的信任！我一定会把这100美元送给你们中的一位。不过，且慢，请允许我对这张钞票做一下手脚。"边说边将钞票揉成一团，然后问，"谁还要？"

仍有人举手。

演说家将这团100元钞票扔到地上，踩了一脚，又用脚尖碾了几下。再拾起已变得又脏又皱的钞票，举着再问："现在还有人要它吗？"

还是有几个人举起手来。

演说家走下台，把揉皱了的钞票小心展开，抚平，郑重送给了刚才最先举手的一位听众。

返回讲台，演说家说：

"朋友们，我已给你们上了一堂很有意义的课。人生犹如这张钞票，无论遭受怎样的蹂躏，也不会有丝毫贬值。我们每一个人都是上帝精心创造的杰作，与众不同，独一无二。一定要坚信自己无与伦比的价值！无论你处于何时，无论你走到哪儿，请一定牢记：1 磅依旧等于 16 盎司！"

人生在世，不可能每一个人都总是一帆风顺的。人生征途，会遭遇风雨雷电、烈日沙尘，会迷失方向、坠落陷阱，会有险峰挡路、沼泽前横，但有信心的人生无所畏惧，他会坦然面对这一切、勇敢应对这一切，即使粉身碎骨，也无损人生的尊严与价值。

1985 年，怀揣刚取得的自学高考英语专科文凭，吴士宏大胆地来到 IBM 公司求职。面试时，主考官问："你知道 IBM 是一家怎样的公司吧？"

"很抱歉，我不清楚。"吴士宏实话实说。

"那你怎么知道你有资格来 IBM 工作？"主考官问。

"您没用过我，又怎能知道我没有资格？"吴士宏反问道。

如此不逊的回答，出乎主考官之所料。主考官精神为之一振，不但没生气，反而激起了更大的兴趣，于是微笑着继续提问。

最后，主考官告诉吴士宏：下周一上班！

吴士宏求职成功，源于两大个性：诚实、信心。而这两点，恰是美国人最欣赏的。

主考官慧眼识英雄，吴士宏以她的业绩做出了奇迹性的回报——

开始做勤杂员的吴士宏，工作一年后获培训机会进入销售部门，成为公司的销售大将，因业绩不断跃升，其职位也不断晋升，从销售员一直攀升至 IBM 华南分公司总经理，被人称为"南天王"。

1997 年，吴士宏出任中国销售渠道总经理；

1998 年，吴士宏出任微软（中国）公司的总经理；

1999 年，吴士宏跳槽到 TCL 信息产业集团公司担任总经理。

吴士宏，从北京椿树医院的小护士，成长为 IT 界神秘而富有魅力的传奇女性，从小疾病缠身、自卑自怜的她，在个人传奇《逆风飞

扬》中，如此总结了她的人生经验——

如果说有什么促使我往上走，那就是这种来自自卑的不断刺激，当时就像不断有鞭子抽打着我。那样一种痛，一种触及心底、层层包裹下的自卑和尊严的纠结，对我刺激的力量是如此强大，我后来花了几年时间才克服并超越了这种自卑。自卑之后，才有升华，才有信心，可以促使你做更多的事情。

自卑使人犹如驾着一叶小舟孤苦无助地漂浮在漆黑的、波涛汹涌的大海上；信心则如闪烁在前方小岛上的航标灯，带给你希望，召唤你前进。

一个人如果自卑，就没有勇气选择奋斗的目标；因为自卑，在事业上就不敢出人头地；因为自卑，就失去战胜困难的毅力；因为自卑，就得过且过，随波逐流……因此，可以毫不夸张地说，自卑就是自我埋没，自我葬送，自我扼杀！一个人要想写出瑰丽的人生诗篇，要想为人类作出有益的贡献，就要摆脱自卑的困扰，树立自信的雄心。

信心没错——没错就要坚信没错，不因任何权威怀疑自己的判断，"吾爱吾师，吾更爱真理！"另外，信心，本身就是一种人生必不可少的美德，有信心的人不会错！

"自得者所守不变，信心者所守不疑。"

人生的道路固然坎坷，但绝不能因为它的坎坷，就使我们健美的身躯变得弯曲；生活的道路固然漫长，但绝不能因为它的漫长，就使我们求索的脚步变得迟缓。

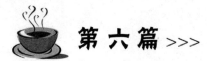

第六篇 >>>
信心让你突破逆境

　　这个世界上没有谁能一帆风顺。学会在逆境中生存成长是生活的一种挑战。人生道路上的挫折随处可见，没有人可以幸免。

　　内心充满信心和勇气，就能看到希望。没有永远的困难，也没有解决不了的困难。相信自己，调整自我，才能在挫折来临的时候镇定自若地面对，并且打败它。

　　有信心的人生是永远不会被社会击败的，除了他自己最后精疲力竭，无力拼搏。信心不仅能改变周围的环境，还能改变自己。

在否定中让信心成长

如果你认为自己的想法是正确的，那就坚持下去，走自己的路，让别人说去吧。只要你定好自己的位置，找准目标，并坚定信念，不轻易放弃，你就能有意想不到的收获。因为信心是成功的开始。如果没有了信心，犹如花朵没有了生机，你的人生就会变得暗淡无光，毫无精彩可言。

大家所熟知的乔丹是享誉世界的篮球王。他在很小的时候就开始练习篮球，当时的他又瘦又小，谁都看不出来他是个篮球奇才。他总是会受到其他人的嘲笑和蔑视。1972 年夏，他在收看了慕尼黑奥运会篮球比赛后，兴冲冲地对妈妈说："总有一天我也要参加奥运会，我也要拿金牌的！"乔丹的母亲对乔丹说："我相信你，你能行。"乔丹每次拿上篮球也信心满满地说："我能行。"他的座右铭是："我们来自底层，我们白手起家，我们从未放弃希望，总有一天，我们会梦想成真。"正是这种力量一直伴着乔丹走向篮球场，最终成为世人敬仰的超级篮球王。如果乔丹当时因为他人的嘲笑和否定而放弃努力，那么就不会有后来的辉煌成就。

所以只要你认为自己是正确的，就坚定地走下去吧，无论前面有多少险山恶水。不要在意别人的看法，被否定时也不要随便就怀疑自己，要相信自己的眼光，静静等待最后时间决定的一切。一个人只要相信自己是什么，就会成为什么；一个人心里只要这样想，就会成为这样的人。每个人心里都有一幅"蓝图"或是自画像,有人称它为运作结果。如果你想象的是做最好的你,那么你就会在你内心的"荧光屏"上看到一个踌躇满志、不断进取的自我。同时,还会经常收听到"我做得很好,我以后还会做得更好"之类的信息,这样你注定会成为一个更好的自己。正如美国哲学家爱默生说:"人的一生正如他一天中所设想的那样,你怎样想象,怎样期待,就有怎样的人生。"只要相信自己,就会感到生命有活力、生活有盼头,觉得太阳每天都是新的,从而保持奋发向上的积极态度。

一个人拥有了自信心,并不代表可以不费吹灰之力就能获得成功,而是说战略上要藐视困难,战术上要重视困难,要从大处着眼、小处动手、脚踏实地、锲而不舍地奋斗拼搏,扎扎实实地做好每一件事,战胜每一个困难,从一次次胜利和成功的喜悦中肯定自己,从而创造生命的亮点,成就自己的人生。

信心,能够唤醒沉睡的潜能。正是因为有了信心,李白才做出了"天生我材必有用,千金散去还复来"的千古佳句;正是因为有了信心,阿基米德才发了"给我一个支点,我就能够撬动地球"的豪言壮语;正是因为有了信心,毛泽东才彰显了"自信人生二百年,会当击水三千里"的人格力量。信心,能够为人生带来无穷无尽的动力,可以说,有了信心你便成功了一半。所以,青少年朋友们,无论面对怎样的否定,都要学会坚信自己。

心灵悄悄话

信心不是骄傲无知的自负或自大,更不是毫无根据的自以为是和盲目乐观,而是激励自己奋发进取的一种心理素质,是以高昂的斗志、充沛的干劲迎接生活挑战的一种乐观情绪,是战胜自己、告别自卑、摆脱烦恼的一种灵丹妙药。

有信心的力量

面对困难和挫折，我们要学会自强不息，冷静地分析，学会自我疏导，增添战胜挫折的勇气，才能真正地学会自强。

面对挫折，调适心理的方法很多，但最好的方法，莫过于建立起一种态度：坦然地面对和坚强地担当。所谓面对和担当，就是当不可避免的挫折袭来时，能接受它，承担起挫折带来的压力和打击，把挫折消化掉。我们的人生，正因为经历了无数的挫折与磨难而变得更加美丽，充满欢乐，变得丰富与充实。

综观历史，古今中外，未有一人是没有经过挫折的打击而成名的，他们都是面对挫折，努力地奋斗。法国作家小仲马，不靠其父之名气，决定用自己的实力取得一番成就，他一次次地往报社寄稿，却都被报社退了回来，但他没有因此而失望，仍继续创作。经过不懈的努力，最终著成了成名之作《茶花女》。闻一多先生有着刻苦的学习精神，仰之弥高，越高，攀得越起劲；钻之弥坚，越坚，钻得越锲而不舍。当他面对挫折时，更加努力奋斗，最终成为我国伟大的革命家和思想家。在人生的道路上，谁都会遇到困难和挫折，就看你能不能面对和战胜它。战胜了，你就是英雄，就是生活的强者。

路是脚踏出来的，历史是人写出来的。人的每一步行动都在书写自己的历史。我们要学会自强，这样才能更好地走向社会。首先要树立坚定的理想，有了理想，就有了奔头，有了进取的恒久动力。周恩来从小就有远大的理想抱负，要为中华之崛起而读书，他有着矢志不渝的自强和奋斗精神，成为中国的伟大领导人，他便是自强的人。每

第六篇　信心让你突破逆境

自 强

个人都有自身的弱点，自强的人也不是没有弱点的人，但他们是勇于战胜自身弱点的人。能够战胜自己的人，必定能够自强，信心是精彩人生的基础，而自强是辉煌事业的起点。

每个人都要学会面对挫折，自强不息，勇敢地对待人生，做一个真正的生活中的强者。

很多事实证明，信心是大多数人所共同具备的品质，也是一个人获得成功的重要因素。人们常说，一个人在生活中不怕被别人击倒，他会再次爬起来，最可怕的是自己把自己击倒，他也就再也没有希望了。怎样才能避免"自己把自己击倒"呢？那就需要自信。

有信心的人生是永远不会被社会击败的，除了他自己最后精疲力竭，无力拼搏。

信心不仅能改变周围的环境，还能改变一个人自己。

比如，有这么一个典型的例子：一位心理学家从一班大学生中挑选出一个最愚笨、最不招人喜欢的姑娘，并要求她的同学们改变以往对她的看法。在一个风和日丽的日子里，大家都争先恐后地照顾这位姑娘，向她献殷勤，陪她回家，大家以假作真地打心里认定她是位漂亮聪慧的姑娘。结果怎么样呢？不到一年，这位姑娘出落得很好，连她的举止也同以前判若两人。她聪明地对人们说：她获得了新生。确实，她并没有变成另一个人——然而在她身上却展现出每一个人都蕴藏的潜质，这种美只有在我们自己相信自己，周围的所有人也都相信我们、爱护我们的时候才会展现出来。

可见，信心能够创造奇迹。

但是，信心并不是天生的，也不是任何人都具备的。很多人自信心是很低的，特别经过一番生活折腾，尝到一些生活的苦辣酸甜，有人就自惭形秽起来。还有的人竟然学会如何自己贬低自己，以此来预防生活的失败。他们认为，信心是一种危险的品质，人越有信心，就越容易碰钉子，越容易成为众矢之的，所以最好是夹着尾巴过日子。

还有的人，从小就失去了信心，因为大人们总是这样训斥他们：

"瞧，你这个笨蛋，傻瓜，窝囊废，将来顶多是个扫大街的！"久而久之，他也就真的认同了这些话，以后稍微碰上个小失败，他就会这样宽慰自己："反正我从小就是一个笨蛋和窝囊废，怎么能异想天开呢？"

心灵悄悄话

　　信心是人生成功的奠基石。人的成功之路必须踏着信心的石阶步步登高。有了信心，人才能达到自己所期望达到的境界，才能成为自己所希望成为的人，坚持自己所追求的信仰。无论在什么情况下，自信者的格言都是："我想我能够的，现在不能够，以后一定会能够的！"

第六篇　信心让你突破逆境

人生需要信心

自信者，可望获得成功；不自信者，与成功无缘。

乔诺·吉拉德，美国有史以来最著名的销售大王。他出生在美国的一个贫民窟，比人们想象中的还要贫困，在很小的时候他就上街去擦皮鞋补贴家用，最后连高中都没有念完就辍学了。他的父亲总是说他根本不可能成才。父亲的打击一度让他失去信心，甚至有一段时间他连说话都会变得结结巴巴的。

幸运的是，他有一个伟大的母亲。是她常常告诉乔诺·吉拉德："乔，你应该去证明给你爸爸看，你应该向所有人证明，你能够成为一个了不起的人。你要相信这一点：人都是一样的，机会在每个人面前。你不能消沉、不能气馁。"母亲的鼓励重新坚定了他的信心，燃起了他想要获得成功的欲望，使他变成一个有信心的人！

从此，一个不被看好，而且背了一身债务几乎走投无路的人，竟然在短短3年内被吉尼斯世界纪录称为"世界上最伟大的推销员"。而且至今还保持着销售昂贵商品的空前纪录——平均每天卖6辆汽车！一直被欧美商界当成"能向任何人推销出任何产品"的传奇式人物。

我们能够从他那传奇式的人生中看到：人生需要信心！而从被誉为日本推销之神的原一平的成长生涯中，我们也一样能够看到：人生需要信心。原一平长得身材矮小，25岁当实习推销员时，身高仅1.45米，又小又瘦，横看竖看，实在缺乏吸引力，可以说是先天不足。

然而，这一切并没有打垮原一平，相反愈挫愈勇的他，内心时刻燃着一把"永不服输"的火焰，凭着"我不服输，永远不服输!""原一平是举世无双，独一无二的!"的超信心自强心态，成功地用泪水和汗水造就了一个又一个的推销神话，最终成为日本保险推销第一人。

大部分成功者的心灵都有一种信念在支撑着他们，那就是"成功、我要成功"，所以，他们的人生之路一直走得很好。这一切的结果，决定于坚定的信心，坚韧不拔的意志。

朋友们，请记住：一定要充满信心，因为人生需要信心，信心让人成功。

心灵悄悄话

信心，可以说是英雄人物诞生的孵化器，一个个略带征服性的信心造就了一批批传奇式人物。然而，信心不仅仅造就英雄，也成为平常人人生的必需。缺乏信心的人生，必是不完整的人生。

第六篇　信心让你突破逆境

和骆驼一起跳舞

　　真正成功的人，不在于成就的大小，而在于是否努力地去实现自我，喊出属于自己的声音，走出属于自己的路。

　　虽然每个人都会有在乎别人看法的心理，但是千万别太依赖别人的看法。过于依赖别人，是没有主见、不自信的表现，是一种不好的习惯。你的幸福和你的快乐都是你自己的感觉，与别人无关，所以要骄傲地做你自己，不要因为别人的看法而改变。

　　骆驼决心成为一名芭蕾演员。

　　她说："要使每个动作高雅完美，这是我唯一的愿望。"

　　她一次又一次练习足尖旋转，反复用足尖支立身体，单腿站立，伸前臂，抬后脚，每天上百次地重复这五个基本姿势。在沙漠炎热的骄阳下，她一直练了好几个月，脚起了泡，浑身酸疼不已，但是她从来没有想过停下来不练。

　　终于，骆驼说："现在我是一名舞蹈演员了。"她举行了一个表演会。

　　观众没有一个为她鼓掌。

　　其中有一位发言说："作为一名评论家和这群伙伴的代言人，我必须坦率地对您说，您的动作笨拙难看，您的背部弯了，圆滚滚的凹凸不平，您跟我们一样，生来是骆驼，成不了芭蕾舞演员，将来也成不了。"

　　"他们这样认为可就错了。我刻苦地进行训练，毫无疑问，我已经成为一名出色的芭蕾舞演员了。我跳舞只图自己快乐，所以我要坚持不懈地跳下去。"

她真的这样做了，这使她愉快了好些年。

我们都应该记住，这世界上有一件事是很重要的，那就是自己要瞧得起自己，至于别人怎么说、怎么认为反而是一件不足轻重的事情。

人生不是我们想要什么就能拥有什么，但无论在什么情况下，都要以积极乐观的态度去面对生活，享受生活。要知道占有不能带来幸福，人只有在不断追求中才会感到持久的幸福和满足。生活不一定会一帆风顺，要会善待自己，善待生命。

第六篇　信心让你突破逆境

心态决定成败

普拉格曼是美国当代著名的小说家，但他连高中都没念完。当他的长篇小说获奖后，在颁奖典礼上，有记者问他："你认为自己身上最优秀的品质是什么？"普拉格曼坚定而自豪地说："信心，与生俱来的信心！我拥有颠扑不破的自信心。如果将我这一生比喻成一项王冠，那信心就是点缀在这王冠上最珍贵、最璀璨的一颗钻石。"

有记者问他："你毕生成功最关键的转折点在何时何地？"普拉格曼回答道："第二次世界大战期间，我在海军服役的那段生活，是我人生受教育最多的日子。至于我迈向成功最关键的转折点，恰是我的生死关头……"

他讲述了那次难忘的经历——

事情发生在 1944 年 8 月的一天午夜。两天前我在一次战役中受了伤，双腿暂时瘫痪了。为了挽救我的生命和双腿，舰长下令让一位海军下士驾一艘小船，趁着夜色把我送上岸去战地医院治疗。不幸的是，小船在漆黑的茫茫大海上迷失了方向。那名掌舵的下士惊慌失措，面对无边的黑夜，绝望得差点拔枪自杀。

我当时很冷静，镇定自若地安慰他说："你别开枪！我有一种神秘的预感，我们肯定会抵达成功的彼岸！"下士听我这样一说，犹疑地放下了对准太阳穴的枪。

我接着说："如果你开枪自杀，你必死无疑，我也难逃一死。如果我们坚信自己会成功，绝不放弃，总会有希望逃难。"

其实，我们已在危机四伏的黑暗中飘荡了 4 个多小时，孤立无援，而且我的伤口还在淌血……不过，我认为即使注定失败也要有耐性，要耐心等待那失败的最后一刻到来，绝不让自己提前堕入绝望的深渊。正这样想的时候，突然前方岸上射向敌机的高射炮火闪亮了起来，我们欣喜地发现，原来我们的小船离码头不到3里。

这次脱险经历，使普拉格曼悟出了一个道理——天无绝人之路。

后来，普拉格曼在回忆录中写道："自从那夜之后，此番经历一直留存在我心中。这个戏剧性事件竟包容了对生活真谛认识的整个态度。因为我有不可征服的信心，坚韧不拔，绝不失望！即使在最黑暗最危险的时刻，我相信命运还是能把我召向一个陌生而又神秘的目的地……

"尽管每天我总有某方面的失败，但当我掉进自己弱点的陷阱时，我总是提醒自己，重要的是要了解所以失败的原因，这更接近认识自我的一种日常生活的严峻考验。无论如何，当我相信自己还能梦想一个比现在更美好的生活时，我就找到了慰藉，就找到了工作过程中的深深快乐。"

英国诗人雪莱有句名言："冬天来了，春天还会远吗？"中国有几句这样的古谚：山高自有客行路，水深自有渡船人；天无绝人之路。

天既无绝人之路，人何苦自寻绝路呢？

心态在很大程度上决定了我们人生的成败：我们以什么样的心态对待生活，生活就怎样对待我们。我们以什么样的心态对待别人，别人就怎样对待我们。在着手一项任务时，我们开始抱有什么样的心态，便决定了我们最后有多大的成功。

人们常常受"我不行"的消极心态支配，才导致大部分人一生半穷不穷，半富不富，既不太穷，亦不发达。而实际情况是怎么回事呢？成功总是伴随那些有自我成功意识的人，失败总是伴随那些有自我失败意识的人！

"人类是自己思想的产物！"美国成功学家大卫·史华兹说，"那

第六篇　信心让你突破逆境

些相信自己能'移山'的人定会成功，这是信心激发了成功的原动力；而那些相信自己不能的人，就只能做到他们所相信的程度。"

有一位美国绅士，以他的亲身经历，证实了大卫·史华兹的结论。

这位绅士以前是个普通工人，过着很一般的生活：住宅太狭窄，用钱很拮据。他的太太虽然很少抱怨，但显然不快乐，只是认命而已。他内心渐渐感到不满，为自己不能让全家过上舒适的生活，深感内疚。

后来，他听了大卫·史华兹的演讲《使你的思想帮助工作，而不是阻碍你的工作》，心有所动，决定"运用信心的力量"与命运作一次较量。

于是，他去应聘一家大公司的工作。在面试的前一天晚上，他独自坐在旅馆的房间里，忽然觉得自己很落魄，很凄惨，人到中年，却还是生活在底层的失败者。想到这些，他对自己感到很失望、很厌烦。他问自己："是什么原因使自己这样的呢？为什么我只是试图找一份仅能向前跨一小步的工作呢？是我没能力吗？"

他心血来潮，在旅馆便笺上写下相识多年的5位朋友的姓名，他们目前都比他有成就。他便问自己：除了有较好的工作外，这5位朋友还拥有什么自己所没有的优势呢？论智力，自己不比他们差；论学历，他们也不比自己强；论操行，大家都彼此彼此。究竟是什么因素，导致自己远远不如他们呢？

最后，他终于找到他们成功的要素——干劲。他们一个比一个干得欢，而自己则心灰意懒。

尽管他很不愿意承认这一点，但还是不得不承认，自己凡事都有退缩犹豫的毛病，而且一直如此。

进一步分析，有没有干劲还只是表面现象，更深层的原因是：自己之所以缺少干劲，乃是因为自己从来就没认为自己很有价值。

一发现病根，再回想过去，原来这种自贬的意识在自己所做的每一件事情上都显示出来了：找工作不敢找理想的工作，干工作总是出不了令人满意的成果。他不禁自问：是从什么时候起，自卑就开始支配着我的一切的呢？以前简直都是在廉价地出卖自己啊！自己倘若不相信自己，这世界上就没人会相信自己。

就在认识到自卑的危害后，他立刻告诫自己：我不再认为自己是二流的，我也不再廉价出卖自己。

第二天早上，他带着这份信心去面试。本来自己打算应聘一份较低收入的岗位的，为了试验新发现的信心，他理直气壮地自我推销，说明自己的价值，结果，信心的提升使他得到了一份高薪的工作。上班后，仍带着这份信心，工作越干越欢，成就越干越大。两年后公司重组，他还分配到很多股票，外加更多的薪水。

5年后，他的生活彻底改观了，很多方面已超过了那5位朋友，不仅拥有一幢坐落在两英亩土地上的漂亮新居，还在四季如春的地方建了一座豪华别墅；孩子能接受更好的教育，太太能享受随心所欲购物的乐趣；每年全家还可以到世界上任何一个地方去度假。

由此可见：心态改变一切！

思想决定行动。积极的思想决定积极的行动，消极的思想决定消极的行动。而行动又决定成败：自卑的人失败，有信心的人成功。

信心所至，无所不能。比如，人类有了"我们定能征服太空"的信念，于是就真的有了宇宙飞船；人类有了登上月球的信念，于是就真的把这一理想实现；人类有了根治"天花"的信念，"天花"果然再也不把人类感染……相信会成功，才有人类创造奇迹的动力；相信会成功，是一切成功者成功的秘诀；相信会成功，就会迎来更多的朋友、更好的机会。

自卑的人，凡事都能找到犹豫的理由，干什么事都有失败的借口："那怎么行得通""我先试试吧，估计很难有什么结果""现在条

件还不具备"……事前就抱定了失败的念头，结果肯定是失败，因为他压根儿就没朝成功的方向去努力。

"没信心"是消极的心态，导致的是消极的行为。当你心里不以为然、疑窦丛生时，就会萌发各种消极的理由支持不相信的念头。怀疑自己的能力，不相信自己会成功的潜意识，或是对成功的要求不太迫切，都会阻碍自己的进取。

心灵悄悄话

人生总是有苦有甜。甜的尽头肯定是苦，苦的尽头一定是甜。苦时要想着那甜，甜时记得那苦，只有这样，苦时才不沮丧，甜时才不放荡，人生就一定有滋有味，充满希望。

要敢于正视自己的弱点

民间有句老话叫"金无足赤，人无完人"，意思是说对人对事都不能太苛求。但是国人向来有"说一套、做一套"的传统，一直以来，人们对他人和自己的要求其实都蛮苛刻的。尤其是在面对自己的缺点时，很少有人能够坦然。更多的时候，更多的人会想尽一切办法去掩盖自己的弱点，让自己看起来更完美一些。

然而，这个世界上掩耳盗铃、自欺欺人到最后弄巧成拙的人和事还少吗？毛泽东说过，"知错能改，就是好同志。"更何况我们有弱点并不是错误，而且任何弱点都可以通过努力去弥补。所以，每个人都应该正视并感激自己的弱点。因为一个人只有认识到自己的弱点，才会给自己新的学习机会，从而增长智慧，愈加成熟。这样的人，不仅更容易接近成功，而且能够得到大多数人的认可。而那些不肯或者不敢甚至不能正视自己的人，非但很难取得成就，同时也很难在社会上立足。

新年伊始，上海市一家外资企业登出招工启事，准备面向社会招聘一位经理助理。在招聘条件一栏中，有一项条件是必须具备两年以上的工作经验。

当天上午，先后有6位求职者前来应聘，前面5个应聘者都称自己有类似的工作经验，但面对招聘经理的考问，他们很快显示出了对这一行业的无知。

第6位求职者是一位学生模样的年轻人，他坦率地对招聘经理

说，自己并不具备这方面的工作经验，但是他对这份工作很感兴趣，并且拥有十足的信心，相信经过短暂的实践后，能够胜任工作。

"没有工作经验你为什么还来应聘？你没看到我们的招聘条件吗？不过我很欣赏你的诚实，说说你为什么能够实言相告呢？"一位外籍招聘经理用生硬的汉语问他。

"是这样的，先生！"青年人回答，"小的时候，有一次我偷了家里的鸡蛋拿出去卖钱花，结果被奶奶知道了。奶奶问我时我撒了谎，奶奶在我的屁股上重重地打了一巴掌，然后告诫我：'穷不可怕，只要你诚实，你就有救。'我永远记住了这句话。"

毫无疑问，这位应聘者被破格录取了。几年后，他成为这家公司的财务总监。

穷不可怕，只要你诚实，你就有救。同样的道理，有弱点并不可怕，而且非常正常，只要你能够正视自己的弱点，并努力弥补，你就能逐渐得到提升，趋于完美。

那么，为什么大多数人不愿意正视自己的弱点呢？原因就在于他们不自信。为了自己可怜的自尊，他们往往对自己的优点了如指掌并大肆宣扬，而对自身的弱点却不敢承认和面对，害怕弱点被别人看透，受到他人的嘲笑和蔑视。如此一来，这些弱点便不断地发挥破坏作用，对个人的发展造成极坏的负面影响。

与此相对，那些在职业生涯中有所收获的人，都是能够清醒认识自己的人。他们在知识与能力上或许并不一定胜人一筹，但是他们非常清楚自己的弱点和不足，从而能够及早规避相关危害，并积极地发挥自己的长处，扬长避短，用优点去克服或弱化自身的弱点。

再说，即使是暴露自己的弱点，有时候也并不一定都是坏事。对于相互合作者来说，这一点尤其重要。因为唯有如此，才能换来别人的信任和帮助，提高合作的成效。

飞人乔丹是 NBA 历史上最伟大的篮球运动员。一方面由于他球技过人，曾经创造过多项世界纪录，而且至今无人打破；另一方面，则得益于他过人的气度和胸襟。

　　在当时，公牛队中最有希望超越他的新秀是年轻的皮蓬。皮蓬年轻气盛，好胜心极强，在乔丹面前，他常常流露出一种不屑一顾的神情，还煞费苦心地寻找乔丹的弱点，并对别人说乔丹这里不如自己，那里也不如自己，自己一定会把乔丹击败等。但乔丹却从来没有把皮蓬当作潜在威胁，更没有因此而排挤他，相反他经常对皮蓬加以鼓励。

　　有一次休息时，乔丹问皮蓬："你觉得咱俩的三分球谁投得更好一些？"

　　皮蓬听了很不高兴，阴阳怪气地说："你这是明知故问，当然是你喽。"因为当时的统计数据显示，乔丹投三分球的成功概率是 28.6%，皮蓬的成功概率则是 26.4%。

　　看着生气的皮蓬，乔丹微笑着纠正说："不，皮蓬，你投得更好一些。你的动作规范、流畅，你很有天赋，以后会投得更好。但我投三分球时有很多弱点，我扣篮主要用右手，而且会习惯性地用左手帮一下忙。可是你左右手投得都很棒，而且不用另一只手帮忙。所以，你的进步空间比我更大。"

　　乔丹的大度让皮蓬大为感动。此后他一改自己对乔丹的看法，更多的是以一种尊敬的态度向乔丹学习。因此他们二人都有了不同程度的提高，他们的配合也越来越默契，为公牛队带来了一次又一次辉煌战绩。

　　看看乔丹，再想想身边那些专事抱怨、报复的人，或者看看我们自己，我们怎能不慨叹？我们又怎能不汗颜？

　　也许现在，你还在为人际关系而痛苦，为成功无望而苦恼，然而在抱怨生活不尽如人意的同时，我们是否应该自问：这一切，是否源

第六篇　信心让你突破逆境

于我们缺乏一种"晒晒"自己的勇气？要知道，有弱点并不可耻，隐藏自己的弱点，不能与合作者彼此坦诚相对，才是真正的可耻，才是最大的弱点。

心灵悄悄话

生活的路是崎岖的，信心可以使它笔直；人生的大海是波澜起伏的，信心可以使它平静。相信自己，勇敢面对，挫折将会向有信心的人低头。

挫折其实是一种转折

中国有句名言：失败乃成功之母。从某种意义上讲，挫折不等于失败，失败也是一种成功。

法国伟大作家巴尔扎克曾说："挫折就像一块石头，对于弱者来说是绊脚石，让你却步不前；而对于强者来说却是垫脚石，使你站得更高。"

假如林肯做生意旗开得胜、一帆风顺，那么结局很可能是：美国的芸芸众生中只不过多了一个比较成功的商人，而且也许是名不见经传的一个商人而已，岂会有叱咤风云、改变了许多美国人的命运并青史留名的林肯大总统？

因此，经商的挫折对林肯是小幸运，对美国人是大幸运！正是这种挫折，使林肯知道了自己的短处，明白了自己的长处，使他扬长避短，校准人生的大目标，朝着更明确、更理想、更伟大的方向前进。

再假如林肯转战官场后经受不了多次挫折的打击，自言放弃，那将不仅是林肯个人的小损失，更是美国人的大损失；在美国历史上将会多了一个无足轻重的小政客，少了一个大名鼎鼎的好总统。

其实，在林肯登上总统宝座之前的那些挫折，正意味着林肯还有这样或那样的种种不足，还须经过不断地锤炼品格、不断地充实心灵、不断地增长智慧，才堪肩负天降重任。

因此，我们所应具备的正确挫折观是：

一、一时的挫折不仅不是坏事，而且是好事。挫折警示你：此路不通，请另寻捷径；此时不灵，请静候佳机；此处境遇恶劣，请另寻理想环境。所谓"此处不留人，自有留人处"。

二、暂时的挫折并不意味着一生的失败。人生的道路有千万条，当我们认准一条路往前走时，挫折有时会是一种暗示：此路不通，请走另一条！从这个意义上看，挫折的积极意义在于：它能及早向我们提出警告，有助于我们尽早修正目标，尽快走出死胡同，另寻成功捷径。

"蛋卷冰激凌甜筒"的发明，正是这样一个例子——

1904 年在美国的圣路易市有两大盛会同时举行：一个是奥林匹克运动会，另一个是路易斯安那购物展览会。这个展览会又叫"圣路易博览会"，共有美国的 42 个州和世界上的 53 个国家参加。圣路易市一时盛况空前、人流如潮，商机滚滚。在博览会的众多摊位中，有两个摊位紧紧相邻，一个是卖冰激凌的，另一个是卖热鸡蛋饼的，生意都出奇的好，简直是好得不得了。

有一天，鸡蛋饼摊位的纸盘子用完了——老板都是用纸盘子盛着鸡蛋饼，再加上三种配料卖给顾客的。可是，当老板急着求人卖些纸盘子给他时，他发现，整个博览会场里，竟然没有一个人愿意把纸盘子卖给他，所有的其他摊位的老板都担心这样会让他抢走一些顾客。这让他十分生气，却又无可奈何。邻摊卖冰激凌的老板见到同伴的窘况，有点幸灾乐祸，笑着说："我看，你不如帮我来卖冰激凌吧。"

鸡蛋饼老板想了想，觉得划不来，便试着不用纸盘子装，而是把鸡蛋饼直接卖给顾客，结果饼里的糖浆全流到顾客的手上甚至袖子上去了，弄得顾客大为生气。没办法，他只好同意按较小的折扣价格向冰激凌摊主买进冰激凌，再转手卖出去，赚点差价，以弥补一些损失。

然而，还有一个重要问题仍困扰着他：如何处理那些剩下来的鸡蛋饼原料。他绞尽脑汁，冥思苦想，突然灵机一动，一个他认为绝妙的主意闪现在了他的脑海里。

想到就做！当天回到家里，在妻子的协助下，他做了1000张鸡蛋饼，并用一块铁片把它们压扁，趁这些鸡蛋饼还热的时候，把它们卷成圆锥状，底部有个尖端。第二天早上，他便使用鸡蛋卷装上冰激凌出售，不到中午，他便大获成功：不仅把批发来的冰激凌全部卖光了，而且1000张鸡蛋饼也卖了个精光！因为遭遇买不到纸盘子的挫折，结果反使他发明了"蛋卷冰激凌甜筒"！

一个挫折，促成了一项发明。

生活有压力，人生才有动力。要把压力看作人生的正常现象，把逆境和失败看作是对生命的正常反馈，这样，它们就会促使我们培养出柔韧的适应能力，并在我们身上产生免疫力，使我们能坚强地承受重压，永不焦虑，绝不沮丧，绝不屈服。

心灵悄悄话

一个人的成功，正是由无数次的挫折锤炼陶铸而成。它们不断地调整你的人生目标，不断地指出你的弱点，增强你的意志，培养你解决问题的能力，引导你以更积极、更有信心的心态和更好的方法、更好的途径实现你更远大的目标。

心中要永存希望

一个人如果心中没有希望，那他的人生便失去了意义。既然活着，就要让希望永存，特别是在困境中，更要满怀希望。一个心中满怀希望的人，才会有光明的前途。

人生的道路上难免会有坎坷。面对生活中的大小困难，如果心中没有希望，就犹如船只在黑暗的大海上行驶没有指明灯，很容易迷失自己的方向。一次失败不代表永远的失败，只要给自己希望，就能从失败中站起来，从而走向成功。

希望是我们的心灵信仰，是我们的心灵支票。美国作家怀特说："生命中，失败、内疚和悲哀有时会把我们引向绝望，但不必退缩，我们可以爬起来，重新选择生活。"失败不是人生的滑铁卢，尽管你在这里失败了，但是你还可以从其他地方找到成功之路，只不过，首先你必须有勇气能够爬起来。一次失败，并不能给自己判死刑，也不能否定自身存在的价值。给自己希望，就是给自己成功的机会。

心中没有希望就像生活中没有阳光一样，只能生活在黑暗阴影中。假如你遇到挫折，别后退，只要迎着太阳走下去，前面一片光明……

亚历山大大帝给希腊世界和东方的世界带来了文化的融合，开辟了一直影响到现在的丝绸之路的丰饶世界。为了能够远征波斯，他投入了全部的青春活力，出发之际，他将所有的财产分给了他的臣子。

他买进种种军需品和粮食等物，就是为了登上征伐波斯的漫长征途，为此他需要巨额的资金，但他把从珍爱的财宝到他所有的土地，几乎全部都给臣子分配光了。

他的一个君臣庇尔狄迦斯，感到非常的奇怪，便问亚历山大大帝："陛下带什么启程呢？"

亚历山大回答说："我只有一个财宝，那就是'希望'。"

庇尔狄迦斯听了这个回答以后说："那么请允许我们也来分享它吧。"于是他谢绝了分配给他的财产，而且臣子中的许多人也仿效了他的做法。

人只有抱着希望去生活，才能活得更有意义。希望是主动地创造，而不是消极地期待。希望是生命和生活的本身，而不是虚幻。拥有希望的人，总是心怀具体的目标和理想，而非虚幻的空想。如果一个人心中不存有希望，那么生命也就如同一个休止符。

其实，只要我们心中存在的希望没有丢失，只要我们心中有一颗希望的种子，我们坚信一定会创造出奇迹。同时也要时刻提醒自己，希望只是希望，要想让它盛开希望之花，得到希望之果，我们只能用勤奋去浇灌它。

美国有一家报纸曾刊登了一则园艺所重金征求纯白金盏花的启事，在当地一时引起轰动。高额的奖金让许多人趋之若鹜，但在千姿百态的自然界中，金盏花除了金色的就是棕色的，能培植出白色的，不是一件易事。所以许多人一阵热血沸腾之后，就把那则启事抛到九霄云外去了。

一晃就是20年，一天，那家园艺所意外地收到了一封热情的应征信和1粒纯白金盏花的种子。当天，这件事就不胫而走，引起轩然大波。

寄种子的原来是一个年已古稀的老人。老人是一个地地道道的爱花人。当她20年前偶然看到那则启事后，便怦然心动。她不顾8个儿女的一致反对，义无反顾地干了下去。她撒下了一些最普通的种子，精心侍弄。一年之后，金盏花开了，她从那些金色的、棕色的花中挑选了一朵颜色最淡的，任其自然枯萎，以取得最好的种子。次年，她又把它种下去。然后，再从这些花中挑选出颜色更淡的花的种子栽种……日复一日，年复一年。终于，在我们今天都知道的那个20年后的一天，她在那片花园中看到一朵金盏花，它不是近乎白色，也并非类似白色，而是如银如雪的白。一个连专家都解决不了的问题，在一个不懂遗传学的老人手中迎刃而解，这可以说是一个奇迹。这位老人心中怀揣着希望，才有了她今天的成就。

在现实生活中，总有些人抱怨生活中没有光明，其实，这正是因为心中没有希望的缘故。无论在多么艰难的困境中，只要活在希望中，就会看到光明。

从前，有一老一小两个相依为命的盲人，每天靠弹琴卖艺来维持生活。一天，老盲人因为支撑不住所以病倒了。他知道自己不久将离开人世，便把小盲人叫到床头，紧紧拉着小盲人的手，吃力地说："孩子，我这里有个秘方，这个秘方可以使你重见光明。我把它藏在琴里面了，但你千万记住，你必须在弹断第一千根琴弦的时候才能把它取出来，否则，你是不会看见光明的。"小盲人流着眼泪答应了师父。后来老盲人含笑离去。

一天又一天，一年又一年，小盲人始终将师父的遗嘱铭记在心，不停地弹啊弹，将一根根弹断的琴弦收藏着。当他弹断第一千根琴弦的时候，当年那个弱不禁风的少年小盲人已到垂暮之年，变成一位饱经沧桑的老者。他按捺不住内心的喜悦，双手颤抖着，慢慢地打开琴盒，取出秘方。

然而，别人告诉他，那是一张白纸，上面什么都没有。泪水滴落在纸上，他笑了。

很显然，老盲人骗了小盲人。但这位过去的小盲人如今已变成了一个老盲人，拿着一张什么都没有的白纸，为什么反倒笑了？因为就在他拿出"秘方"的那一瞬间，突然明白了师父的用心。虽然是一张白纸，但是他从小到老弹断一千根琴弦后，却悟到了这无字秘方的真谛——在希望中活着，才会看到光明。

人生不能没有希望，所有的人都应该生活在希望里。时刻把希望放在心中，你的生活将是一道亮丽的风景线。

心灵悄悄话

在逆境中，只有给自己希望，才能激起追求目标的勇气，支撑鼓励自己继续坚持下去；在绝境中，只有给自己希望，才能够发挥一切让你求生的本能，而不是坐以待毙。

第六篇　信心让你突破逆境

东方不亮西方亮

上帝每关上一扇门，就打开另一扇窗。这是一句充满西方智慧的经典名言。

麦士曾是一个成功的商人，58岁那一年，正当他积极拓展业务准备更上一层楼的时候，突然患上了白内障，视力严重受损。疾病使他不能阅读、写作与驾车。这一打击令他一度十分沮丧：蒸蒸日上的事业难以为继，妻儿老小以后如何生存？

经过一段茫然彷徨的日子，麦士终于振作起来。因为视力的障碍，他得以体会到了那些视力欠佳者的不便与需要，将心比心，他寻找到了东山再起的契机。

他决定把全部财力和精力投入到为眼疾患者设计、印刷特种书籍上来。经过一年左右的研究，麦士发现，在纸上印上粗线条的斜纹字体，不仅使视力障碍者的阅读更快而且更舒适。于是，麦士投资办了自己的印刷厂，为视障患者们印出了第一本书。这本特别印刷的书并非文学名著，而是居全球销量之冠的《圣经》。首印后的一个月内，麦士就接到了70万本《圣经》的订单，这一下子便使麦士峰回路转，柳暗花明又一村，从此走上了另一条成功的坦途。

《淮南子·人间调》曾讲过一个"塞翁失马"的故事："近塞上之人，有善术者，马无故亡而人胡，人皆吊之，其父曰：'此何遽不为福乎？'居数月，其马将胡骏马而归。"这就是尽人皆知的"塞翁失马，焉知非福"的典故。用到麦士身上，就是：麦士视障，焉知非福？麦士因为患白内障，使自己的事业开辟了新天地，使自己的人生奏出了新乐章，更重要的是，使成千上万的视障患者也能享受到阅读的快乐。

有信心的人生没有黑暗，正如古老的中国格言：东方不亮西方亮。

是的，生命最低落的时候，转机也就要来了。

在美国威斯康星州，有一位名叫琼斯的小农场主。他非常勤劳，也非常聪明，然而不幸的是，他突然得了全身麻痹症。

面对病魔的袭击，作为一家主心骨的琼斯并没有被灾难压倒，不悲观失望，不灰心丧气，而是积极地思考：我的体力虽然不健全了，但我的脑力还很健全。我要用我的智慧向命运挑战。我仍是有用的人，不仅不会成为家庭的负担，而且仍是家庭的顶梁柱。

通过深思熟虑，琼斯主持召开了家庭会议，他说："我虽然不能用我的双手劳动了，但我能用我的大脑从事劳动。如果你们愿意的话，你们每个人都可以代替我的手足和身体。"琼斯双眼炯炯有神，语气坚定，充满热情和信心，"我现在宣布我的计划：让我们把农场的每一亩可耕地都种上玉米。再办个养猪场，用玉米做饲料。当猪还幼小肉嫩时，我们就把它宰掉，做成香肠。然后给香肠设计一个别具特色的包装，用一种牌号出售。我们可以把这种香肠打入全国各地的零售店。"说到这儿，琼斯微笑地朗声道：

"这种香肠将像热糕点一样出售。"

几年以后，这种名为"琼斯小猪香肠"的特色香肠名扬美国，肉嫩味鲜，成为美国家庭的日常食品，确实如琼斯所说的那样：像热糕点一样出售了。

就这样，全身麻痹的琼斯仅凭一张嘴，"君子动口不动手"地指挥家人，很快成为百万富翁。

自强

　　像琼斯这样身处逆境仍坚定不移地走向成功的人，历史上不乏其例：小时候腿上要套上矫正器的辛普森成为长跑冠军，大音乐家贝多芬是聋人，大文豪弥尔顿是盲人，丹普赛仅靠半条腿就踢出了美国足球联盟历史上距离最远的射门纪录。

　　每个人都应明白这样一个道理：其实，放眼芸芸众生，并非只有你的生活才充满悲伤和挫折，即使最成功的人，他也是从一连串的打击与失败中走出来的。

　　成功者和失败者的唯一区别是，前者深深懂得，没有纷乱就没有平静，没有紧张就没有轻松，没有悲伤就没有欢乐，没有奋斗就没有胜利。你要向怯弱挑战，变怯弱为无畏；要向不幸挑战，变不幸为幸运；你要向失败挑战，变失败为成功；你要向贫穷挑战，交贫穷为富有；你要向自己挑战，改变自己的处境。

挫折过后是成功

成功者的第一个品质特点就是坚定的自信心，即积极思想。

我们可以找到非常多的例子来印证这个观点。积极的思想与行动比什么都重要。

这个世界上并没有失败，失败只不过是暂时停止成功。最重要的是来自强大的自信心，来自积极的思想。

鼓励积极思想的一位大师诺门·皮尔博士写了一本书《人生的光明面》。书写出来时被十几家出版社拒绝，他们认为出版这种书不会有销路。

皮尔是鼓励别人积极思想的人，但碰到自己的作品被拒绝时，也垂头丧气，回家便把稿件丢进了垃圾桶。太太倒垃圾时看皮尔的稿件整堆丢在里面，就拿起来阅读，没想到一读竟然读得忘我，忘记了要倒垃圾，可见内容之精彩绝非笔墨所能形容。

他太太拿着这些稿件去问她先生说："诺门，你为什么把这么好的东西丢进垃圾桶？"

诺门说："傻太太啊，好是你讲的，人家出版社的老板说不好，说这个不会畅销，他们不愿意出版。"

他太太说："诺门！这本书我看了，非常精彩，对人类帮助很大，可以帮助很多消极的人，使他们的思想变得积极，所以一定要出版。出版的事情交给我来办，你继续写好了。"

后来总算找到出版社愿意出版，而且一出版就获得极好的销售，

直到现在还在销售。

据研究发现，全世界杰出的 1 万名企业家，平均一生破产 3.75 次，其中最有名的就是福特，他一生破产 6 次，爬起来 6 次。成功除了自信心还要有坚韧的意志力，所以毅力是人生至宝。

经常跌倒是正常的，变化是正常的，在这样一个时代里，如果没有高度的意志力，没有坚强的毅力，很难在哪里跌倒就在哪里爬起来。

世界上找到最大的一颗钻石的人叫索拉诺。人们只知道索拉诺找到了一颗名叫"Librator"（自由者）的世界最大的钻石，可是没有人知道索拉诺在找到这一颗钻石以前，找到过 100 万余颗小鹅卵石。

如果用成功学来讲，自信心就是具备积极的思想。不管是美国的成功学，还是中国的成功学，都会跟你这样讲。成功是什么？是你的思想决定你的行为，你的行为又决定你的结果，所以当然思想排第一。

不经历风雨，不见彩虹

每个人都是一座山，世上最难攀越的山，其实是自己，往上走，即便一小步，也有新高度！幸运之神的降临，往往只是因为你多看了一眼，多想了一下，多走了一步。

在前进过程中遇到了困难就选择后退，以后再遇到同样的困难就习惯性地选择回避，认为自己根本不行，还没有同困难作战，就已经束手待毙，被困境吓倒了，却不明白其实时间在改变着一切，曾经的困难也许对于此刻的你来说根本不算是困难，抑或困难本身已经随时间成为一种虚设。不勇敢尝试突破，最后只能将自己局限于越来越小的范围，以致丧失本来属于自己的机会。

我们要不乏勇气地面对生活中的一切，勇于尝试，敢于创新，大胆地冲破身边固有的束缚，就算再难也要去尝试，使自己获得突破得到新生。要知道许多时候，得到机会是非常难的，它需要我们舍弃一些东西，比如安稳的状态等，但一定要记住，如果想成功就一定要勇于尝试。需要你冲破的也许并非是你能力以外的困难，很多时候仅仅是冲破你内心的障碍就可以了。拥有这样的勇气的人，是令人敬佩和叹服的。不要让自己的行动败给了思维，不要让自己的思维束缚了自己的行动，学习尝试，不走出去，就不知道世界有多大；不真正地去做一件事，你就不会知道自己能不能成功。

在很多知名企业的人才招聘考试中，都极其重视对一个人的思维方式及思维方式转变能力的考察。因为，这样的能力往往也是工作过程中急需的能力。面对一些题目时，我们必须解放自己的思维，这样

第六篇　信心让你突破逆境

才能在企业运作的过程中为企业的发展提出切实可行而又有效的建议，从而为企业创造更大的经济效益。所以，思维的力量是不可忽视的，不能突破自己固有的思维模式就不能有所成就。

 心灵悄悄话

有时只要换个角度，另寻方法，就完全可以跳出限制自我的困境。到那时，再回头看曾经失去自我的自己，就会为自己当时短浅的目光和怯懦的心态感到可笑。

昂起头来真美

珍妮是个总爱低着头的小女孩，她一直觉得自己长得不够漂亮。有一天，她到饰物店去买了只绿色蝴蝶结，店主不断赞美她戴上蝴蝶结挺漂亮，珍妮虽不信，但是挺高兴，不由昂起了头，急于让大家看看，出门与人撞了一下都没在意。

珍妮走进教室，迎面碰上了她的老师，"珍妮，你昂起头来真美！"老师爱抚地拍拍她的肩说。

那一天，她得到了许多人的赞美。她想一定是蝴蝶结的功劳，可往镜前一照，头上根本就没有蝴蝶结，一定是出饰物店时与人一碰弄丢了。

自信原本就是一种美丽，而很多人却因为太在意外表而失去很多快乐。

心灵悄悄话

无论是贫穷还是富有，无论是貌若天仙，还是相貌平平，只要你昂起头来，快乐会使你变得可爱——人人都喜欢的那种可爱。

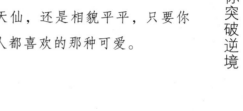

第六篇 信心让你突破逆境

没有什么是不可能的

这个世界上有太多的不可能，就像一个潜水高手却没有双腿，一个书法造诣颇高的人却没有双手，一个舞台上的超级主角却双目失明……

是呀，确实不可思议，但是早在几千年前，人们梦想着飞行，这在当时也被认为是不可能的。转眼间几千年后，莱特兄弟制造出世界上第一架飞行器，"不可能"的事就变成了"可能"的事。每个人都曾经有过觉得自己不可能做好某一件困难事的想法或经历，其实任何事情只要有心，完成与完不成就只是一线之隔，那条线就是"一切皆有可能"！

巨蜂是一种体型硕大的昆虫，它们生活在非洲中部干旱缺水的大草原上。巨蜂的翅膀非常小，脖子粗短。但是这种蜂在非洲大草原上能够连续飞行250公里，飞行高度也是一般蜂类所不能及的。它们非常聪明，平时藏在岩石缝隙或者草丛里，一旦有了食物立即振翅飞起。特别是当巨蜂们观察到极度干旱将要降临到某个地方的时候，它们就会成群结伙地地快速离开，向着水草丰美的地方进发。

这就是被科学家称为"非洲蜂"的强健家伙。科学家们对这种蜂充满了好奇。因为根据生物学的理论，这种蜂体形肥胖臃肿但翅膀却非常小，在能够飞行的物种当中，它们的飞行条件是最差的。从飞行的先天条件来说，它们甚至连鸡、鸭都不如；从流体力学来分析，它们的身体和翅膀的比例是根本不能够飞起的。就算用人力将它们"送"到天上，它们肥胖身体也会将其翅膀产生的浮力大大地抵消掉，从而从高空坠落。

事实上，非洲蜂不仅可以在空中翱翔，而且是蜂类众多飞行健将中最有力量、最有耐性、飞得最远的物种之一。

这是什么原因呢？哲学家们对此给出了合理的解释：非洲蜂天资低劣，但它们必须生存，而且只有学会长途飞行的本领，才能够在气候恶劣的非洲大草原活下去。简而言之，对于非洲蜂来说，飞起来就是生，飞不起来就是死。

什么叫"置之死地而后生"？非洲蜂给出了很好的回答。非洲蜂告诉人们：在一个执着顽强的生命里，没有什么叫作"不可能"。

是呀，在人类登月之前，有谁相信凡人也可以享受神灵的待遇呢？在电话诞生之前，有谁相信隔着万水千山人们能够自由交谈？在蒸汽机问世之前，又有谁相信那些复杂笨重的机器能够自由运转——然而，一代又一代人不懈地努力，使无数看似不可能的梦想变成了现实。

初次考取律师资格证的约翰已经开始对未来进行筹划了，就是涉足金融证券的法律服务。无独有偶，他刚好听说权威部门正在举办证券资格律师培训班，但只有全国资深律师才能参加这首批的培训。但是约翰没有放弃，他辗转探访到了培训班的举办地址，并于第二天早早出现在培训班门口。因为没有听课证，他只能在门外徘徊，后来假扮工作人员搬运培训资料才溜了进去。从一楼到六楼，别人跑一趟，他跑三趟。大家都以为他是本班的学员，没在意。就这样他"混"进了培训班。几个月的培训结束了，他的艰苦努力没有白费，全班第三名的好成绩帮助他顺利地取得了一直追求的资格证。

多年以后，约翰已经在金融证券业成了很有名气的业界律师。回首往事，他不无感慨地说："我曾认为拿到资格证是不可能的事，但

我始终不愿放弃。人定胜天，只要你肯付出、敢实践，世界上就没有实现不了的目标。"

是呀，不要轻易地对自己说"不可能"，马可·奥勒留曾在《沉思录》中写道："让我们努力说服他们（人们）。当正义的原则指向这条路时，要循这条路前行，即使这违背他们的意志。然而如果有什么人用强力挡你的路，那么使自己进入满足和宁静，同时利用这些障碍来训练别的德性，记住你的意图是有保留的，你并不想做不可能的事情。那么你的欲望是什么呢？某种像这样的努力。而如果你被推向的事情被完成了，你就达到了你的目的。"马可·奥勒留这位帝王在执政的 20 年间，面对洪水、地震、瘟疫、外族入侵、内部叛乱、人口锐减、经济衰落、贫困加深的罗马帝国，他仍然能够以其坚定的智慧夜以继日地工作，相信就是靠"没有不可能"来支撑的。因为他自己并不是想做不可能的事，而是想按照自己认定的路走下去，自己认定的道路是没有不可能的！

心灵悄悄话

人类发展的历史，就是将一个一个曾经的"不可能"变成"寻常事"的过程。社会历史的发展如此，微观到一个人的人生中时也是同样的道理，因此不要轻易地对自己说"不可能"。

自信是构筑一切的基石

充满自信的人永远都是我们人生的榜样，因为自信是构筑一切的基石。

自信，就是要在认识自己的基础上充分相信自己。相信自己可以直面困难和挑战，将自己的最大潜能释放出来，相信自己可以在理想和兴趣的引导下坚定不移地走向成功。

小泽征尔，这位交响乐指挥家，可以说家喻户晓。在一次世界优秀指挥家大赛的决赛中，他按照评委会给的乐谱指挥演奏，敏锐地发现了不和谐的声音。起初，他以为是乐队演奏出了错误，就停下来重新演奏，但还是不对。他觉得是乐谱有问题。这时，在场的作曲家和评委会的权威人士坚持说乐谱绝对没有问题，是他错了。面对一大批音乐大师和权威人士，他思考再三，最后斩钉截铁地大声说："不！一定是乐谱错了！"这铿锵有力的话语掷地有声。一霎那，评委们纷纷起立并报以热烈的掌声，祝贺他摘得桂冠。

看出这个"圈套"了吗？这是主办方有意设计的。他们以此来检验指挥家在发现乐谱错误并遭到权威人士"否定"的情况下，能否坚持自己的正确主张。前两位参加决赛的指挥家虽然也发现了错误，但终因随声附和权威们的意见而被淘汰。是满腔自信帮助小泽征尔最终夺得了世界指挥家大赛的冠军。

自信可以帮助人们抹去对挫折的担忧和焦虑，努力去发现每一种

处境中积极的因素，这就是自信所起的重要作用。

伟大的音乐家贝多芬曾掷地有声地说："公爵之所以成为公爵，只是由于偶然的出身，公爵有许多，而贝多芬只有一个！"这说明，生活中的许多成功都取决于自信的心态。无论是大大小小的考试，还是求职时的面试，只要拥有一颗必胜的心，相信自己一定会成功，并想象成功的自己是什么样子，在现实中按照自己想象和希望的样子去行动，你就真的会成为自己想象和希望中的样子，就一定会成功！

学会尊重自己，鼓励自己在潜意识中赞美自己，并时常在言行中激发信心；要在成功中获取自信，在失败中增强觉悟；要发挥优势并逐步地、充分地放飞自己！